中等职业教育土木水利类专业"互联网+"数字化创新教材

中等职业教育"十四五"系列教材

U0276447

画 法 几 何

张含彬　卢　倩　宋良瑞　主编

唐忠茂　主审

中国建筑工业出版社

图书在版编目（CIP）数据

画法几何/张含彬，卢倩，宋良瑞主编. —北京：
中国建筑工业出版社，2021.9
中等职业教育土木水利类专业"互联网＋"数字化创
新教材　中等职业教育"十四五"系列教材
ISBN 978-7-112-26454-4

Ⅰ. ①画… Ⅱ. ①张… ②卢… ③宋… Ⅲ. ①画法几
何-中等专业学校-教材 Ⅳ. ①O185.2

中国版本图书馆 CIP 数据核字（2021）第 161662 号

画法几何是研究在平面上用投影法，由图形表示空间几何形体和运用几何作图来解决空间几何问题的理论和方法的一门学科。画法几何是工程制图的投影理论基础，它应用投影的方法研究多面正投影图、轴测图、透视图和标高投影图的绘制原理，其中多面正投影图是主要研究内容。画法几何的内容还包括：投影变换、截交线、相贯线和展开图等。本教材共分 5 个教学单元，内容包括：建筑制图的基本知识，投影的基本知识，点、直线、平面的投影，形体的投影，轴测投影及剖断面。

QQ 群 796494830

本书可作为中等职业学校建筑施工、建筑装饰等专业教材，也可作为相关专业技术人员学习参考用书。

为便于教学和提高学习效果，本书作者制作了教学课件，索取方式为：1. 邮箱 jckj@cabp.com.cn；2. 电话（010）58337285；3. 建工书院 http://edu.cabplink.com；4. 交流 QQ 群 796494830。

责任编辑：刘平平　陈冰冰
责任校对：党　蕾

中等职业教育土木水利类专业"互联网＋"数字化创新教材
中等职业教育"十四五"系列教材
画　法　几　何
张含彬　卢　倩　宋良瑞　主编
唐忠茂　主审
*
中国建筑工业出版社出版、发行（北京海淀三里河路 9 号）
各地新华书店、建筑书店经销
霸州市顺浩图文科技发展有限公司制版
北京圣夫亚美印刷有限公司印刷
*
开本：787 毫米×1092 毫米　1/16　印张：12　字数：220 千字
2021 年 11 月第一版　　2021 年 11 月第一次印刷
定价：**45.00** 元（赠教师课件，含习题集）
ISBN 978-7-112-26454-4
（37860）

前　言

　　"画法几何"是建筑类专业理论和实践相结合的专业基础课程，着重培养学生的图形绘制、识读以及空间想象能力，为学生后续学习施工图的识图以及相应的技能训练打下必要的基础。本书在编写过程中充分考虑了中职学校学生的特点以及面向岗位的职业教育要求，以最新房屋建筑制图统一标准为准绳，以投影作图为基础，以技能训练为手段，让学生在学中做，在做中学，全面培养高素质技能型专业人才。

　　本书分为建筑制图的基本知识，投影的基础知识，点、直线、平面的投影，形体的投影，轴测投影及剖断面，共5大部分。着重突出学科特点和内容特点，遵循"必须，够用为度"的原则，注重投影规律、空间分析、形体分析、表达特点、作图方法、注意问题等的归纳和总结。采用技能训练、学用结合、理论和实际知识对接等教学方式突出技能培养，强化实践应用。

　　本书由张含彬、卢倩、宋良瑞（四川建筑职业技术学院）主编，贾婷、陈恩屹、李丽、郑敏、袁星参加编写，均为工作在教学一线，有着丰富教学经验的教师。本书数字资源由浙江唐德信息科技有限公司提供。

　　另外，为了方便教学，编者配套编写《画法几何习题集》，习题集的编写顺序与本教材一致。每个章节习题均由易到难，分成了不同的梯度，教师可实现分层教学，也可根据专业和学时数的不同，按实际情况选用或另作适当补充。

　　本书由四川省第四建筑有限公司副总工程师、工程管理中心总经理、教授级高级工程师唐忠茂先生担任主审，他对本书稿提出了许多宝贵意见和建议，在此表示衷心感谢！

　　由于编者水平有限，书中如有不当或错误，敬请读者批评指正！

编者

2021 年 07 月

四川省双流建设职业技术学校

四川建筑职业技术学院

目　录

Chapter 01

教学单元1

建筑制图的基本知识

本单元主要介绍《房屋建筑制图统一标准》GB/T 50001—2017 中的部分内容，并对常用的制图工具的使用、制图的一般方法步骤和几何作图等，做一些简要介绍。通过本单元的学习和作业实践，使学生熟悉制图的基本知识，掌握建筑制图的国家标准、几何图形的画法以及制图的基本方法和技能。

教学要求：

能力目标	知识要点	权重
(1)了解图纸幅面、图框格、标题栏和会签栏的有关规定； (2)掌握图线的线型、主要用途和画法，图纸幅面和标题栏的规格和相应图线的线； (3)了解建筑中数字、字母和汉字的写法； (4)了解建筑专业制图比例的规定； (5)掌握尺寸标注的基本组成以及标注方法	图纸幅面和标题栏的规格；图线的线型、主要用途和画法；汉字、数字和字母的写法；建筑专业制图比例选用的规定；尺寸标注的基本组成以及标注方法	45%
了解常用制图仪器和工具的使用方法	了解常用制图仪器和工具的使用方法，图板的规格以及使用：丁字尺、三角板	10%
(1)掌握直线的平行线、垂直线、等分线段的画法； (2)了解圆内接正多边形和已知边长正五边形的画法； (3)掌握直线和直线、直线和圆弧、圆弧和圆弧之间用曲线连接的方法； (4)掌握四心圆弧近似法画椭圆	直线的平行线、垂直线以及等分线段的画法；内接正多边形的画法；用圆弧连接的方法画椭圆的方法	15%
掌握平面图形的尺寸分类、线段分析以及画法	平面图形的尺寸分类和线段分析；平面图形的绘制步骤和方法	30%

建筑工程图是表达建筑工程设计意图的重要手段，是建筑工程造价的确定、施工、监理、竣工验收的主要依据。为使建筑从业人员能够看懂建筑工程图，以及用图样来进行技术思想的交流，就必须制定统一的制图规则（例如图幅大小、图线画法、字体书写、尺寸标注等）作为工程制图和识图的依据。为此，国家制定了全国统一的建筑工程制图标准——《房屋建筑制图统一标准》，它是各相关专业的通用部分，目前采用的为《房屋建筑制图统一标准》GB/T 50001—2017。除此以外还有总图、建筑、结构、给水排水和采暖通风等相关专业的制图标准。

1.1 《房屋建筑制图统一标准》 GB/T 50001—2017 相关规定

1.1.1 图纸幅面和格式

制图标准

（1）标准图幅

建筑工程图纸的幅面规格共有五种，从大到小的幅面代号为A0、A1、A2、A3和A4，幅面的尺寸见表1-1。

幅面及图框尺寸（mm）　　表1-1

尺寸代号 ＼ 幅面代号	A0	A1	A2	A3	A4
$b \times l$	841×1189	594×841	420×594	297×420	210×297
c	10			5	
a	25				

注：表中 b 为幅面短边尺寸；l 为幅面长边尺寸；c 为图框线与幅面线间宽度；a 为图框线与装订边间宽度。

从图纸的幅面尺寸可以看出，各幅面代号图纸的基本幅面的尺寸关系是，将上一幅面代号的图纸长边对裁，即为下一幅面代号图纸的大小，如图1-1所示。

图纸以短边作为垂直边应为横式图幅，以短边作为水平边应为立式图幅。A0～A3图幅宜横式使用，必要时立式。使用一个工程设计中，每个专业所使用的图纸，不宜多于两种幅面，不含目录及表格所采用的是A4幅面。横式幅面以及立式幅面如图1-2所示。

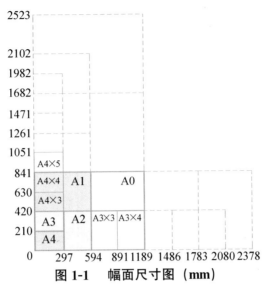

图 1-1　幅面尺寸图（mm）

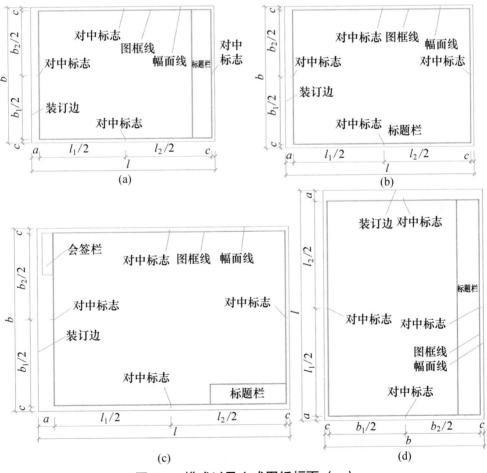

图 1-2　横式以及立式图纸幅面（一）

（a）A0～A3 横式幅面（一）；（b）A0～A3 横式幅面（二）；
（c）A0～A3 横式幅面（三）；（d）A0～A4 立式幅面（一）

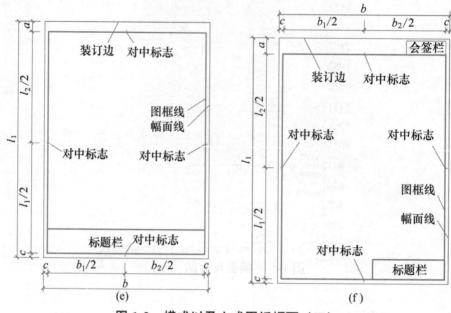

图1-2　横式以及立式图纸幅面（二）

（e）A0～A4立式幅面（二）；（f）A0～A2立式幅面（三）

（2）标题栏和会签栏

每张图纸都应在图框的右方或者下方设置标题栏（简称图标），位置如图1-2所示。图标应按图1-3分区，根据工程需要选择其尺寸、格式以及分区。

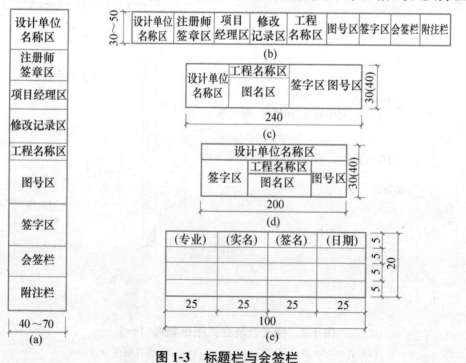

图1-3　标题栏与会签栏

（a）标题栏（一）；（b）标题栏（二）；（c）标题栏（三）；（d）标题栏（四）；（e）会签栏

学校制图作业的标题栏可选用图 1-4 所示格式。制图作业不需要绘制会签栏。

(学校名称)	专业名称		图号	
			比例	
班级			日期	
姓名			成绩	

图 1-4　作业用标题栏

1.1.2　图线以及其画法

工程图上所表达的各项内容，需要用不同线型、不同线宽的图线来表示，这样才能使图样清晰、主次分明。为此，《房屋建筑制图统一标准》GB/T 50001—2017 做了相应规定。

（1）线宽

一个图样中的粗、中、细线形成一组叫做线宽组。其中，图线的基本线宽用字母 b 表示，宜按照图纸比例及图纸性质从 1.4mm、1.0mm、0.7mm、0.5mm 线宽系列中选取。线宽组中线宽比例如下：粗线：中粗线：细线＝1：0.5：0.25。

每个图样应根据复杂程度和比例大小，先选定基本线宽 b，再选用表 1-2 中的相应线宽组。在同一张图纸内，相同比例的各图样应选用相同的线宽组。

线宽组（mm）　　　　　　　　　　　　　　　　　表 1-2

线宽比	线宽组			
b	1.4	1.0	0.7	0.5
$0.7b$	1.0	0.7	0.5	0.35
$0.5b$	0.7	0.5	0.35	0.25
$0.25b$	0.35	0.25	0.18	0.13

注：1　需要缩微的图纸，不宜采用 0.18mm 及更细的线宽。
　　2　同一张图纸内，各不同线宽中的细线，可统一采用较细的线宽组的细线。

图纸的图框和标题栏可采用表 1-3 的线宽。

图框线、标题栏线的宽度（mm）　　　　　　　　　表 1-3

幅面代号	图框线	标题栏外框线对中标志	标题栏分格线幅面线
A0、A1	b	$0.5b$	$0.25b$
A2、A3、A4	b	$0.7b$	$0.35b$

（2）线型

建筑工程制图中的线型有实线、虚线、单点长画线、双点长画线、折断线和波浪线共六种。其中有的线型还分粗、中、细三种线宽。各种线型的规定以及一般用途见表1-4。

图线 表1-4

名称		线型	线宽	用途
实线	粗	——————	b	主要可见轮廓线
	中粗	——————	$0.7b$	可见轮廓线、变更云线
	中	——————	$0.5b$	可见轮廓线、尺寸线
	细	——————	$0.25b$	图例填充线、家具线
虚线	粗	– – – – –	b	见各有关专业制图标准
	中粗	– – – – –	$0.7b$	不可见轮廓线
	中	– – – – –	$0.5b$	不可见轮廓线、图例线
	细	– – – – –	$0.25b$	图例填充线、家具线
单点长画线	粗	—·—·—·	b	见各有关专业制图标准
	中	—·—·—·	$0.5b$	见各有关专业制图标准
	细	—·—·—·	$0.25b$	中心线、对称线、轴线等
双点长画线	粗	—··—··—	b	见各有关专业制图标准
	中	—··—··—	$0.5b$	见各有关专业制图标准
	细	—··—··—	$0.25b$	假想轮廓线、成型前原始轮廓线
折断线	细	——/\——	$0.25b$	断开界线
波浪线	细	～～～	$0.25b$	断开界线

（3）图线的画法

1）在绘图时，相互平行的图例线，其净间隙或线中间隙不宜小于0.2mm。

2）虚线、单点长画线或双点长画线的线段长度和间隔，宜各自相等。单点长画线或双点长画线，当在较小图形中绘制有困难时，可用实线代替。

3）单点长画线或双点长画线的两端，不应采用点。点画线与点画线交接或点画线与其他图线交接时，不得与实线相接。

4）图线不得与文字、数字或符号重叠、混淆，不可避免时，应首先保证文字的清晰。

图线画法举例见表1-5。

图线画法举例　　　　　　　　　　　　　　　表 1-5

名称	举例	
	正确	错误
两点画线相交	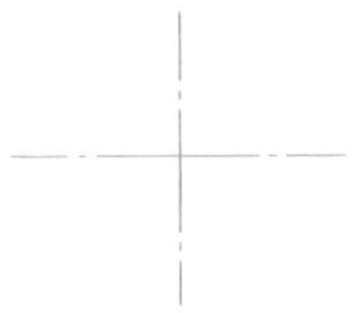	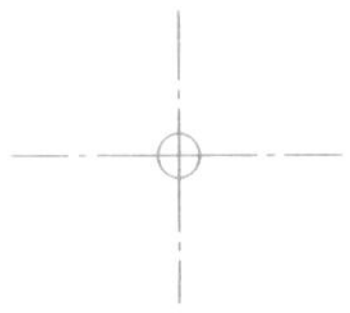
实线和虚线相交,两虚线相交	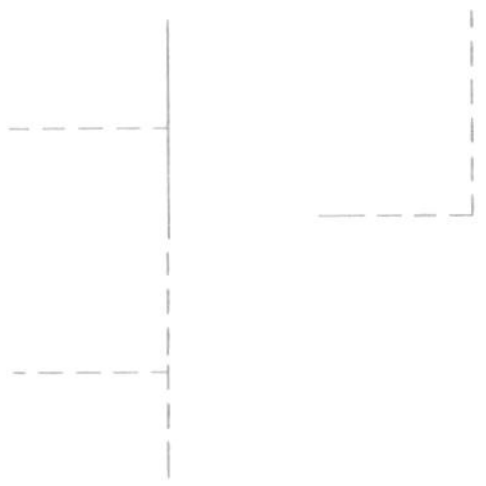	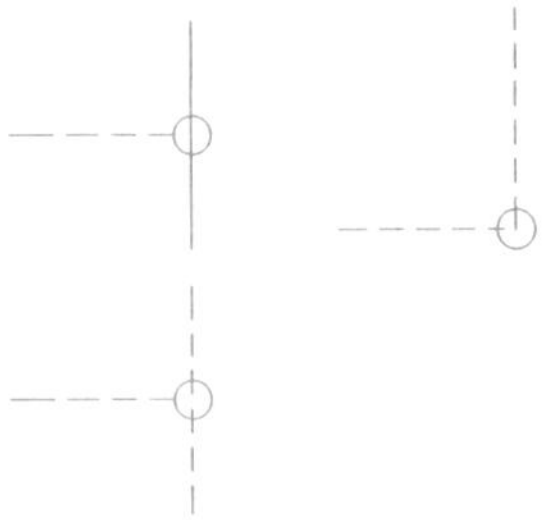
虚线为粗实线的延长线	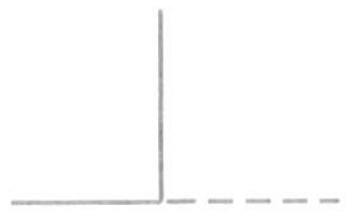	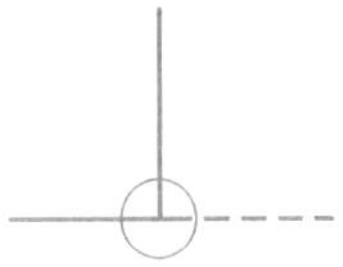

1.1.3　字体

　　字体是指图中文字、字母、数字的书写形式,用来说明图中物体的大小以及施工技术要求等内容。这些字体的书写应笔画清晰、字体端正、排列整齐,标点符号应清楚正确。

　　图纸中字体的大小应按图样的大小、比例等具体情况来选择。字高也称字号,汉字常用的字高有 3.5mm、5mm、7mm、10mm、14mm、20mm,如 5号字的字高为 5mm;字母和数字常用的字高有 3mm、4mm、6mm、8mm、14mm、20mm。

　　(1) 汉字

　　图样以及说明中的汉字宜采用长仿宋字,宽高比为 0.7。常用的长仿宋字的字高和字宽见表 1-6。大标题、图册封面、地形图等的汉字,也可书写成其他字体,但应易于辨认,其宽高比宜为 1。

长仿宋体的字高和字宽　单位：mm　　　表1-6

字高	20	14	10	7	5	3.5
字宽	14	10	7	5	3.5	2.5

长仿宋字的书写要领是：横平竖直、注意起落、结构均匀、填满方格。

横平竖直：横笔基本要平，向少许向上倾斜2°～5°。竖笔要直，笔画要刚劲有力。

注意起落：横、竖的起笔和收笔，撇、钩的起笔，钩、折的转角等，都要顿一下笔，形成小三角形和出现字肩。撇、捺、挑、钩等的最后出笔应为渐细的尖角。以上这些字的写法都是长仿宋字的主要特征。几种基本笔画的写法见表1-7。

仿宋字基本笔画　　　　　表1-7

基本笔画	点	横	竖	撇	捺	挑	钩	折
形状	八 ⺀	一	丨	丿	㇏	㇀	亅	㇜
写法	八 ⺀	一	丨	丿	㇏	㇀	亅	㇜
字例	点溢王	中	厂千	分建	均	才戈	国出

结构均匀：笔画布局要均匀，字体的构架形态要中正疏朗、疏密有致。

在写长仿宋字时应先打格（有时可在纸下垫字格）再书写，练写时用铅笔、钢笔或蘸笔，不宜用圆珠笔、签字笔。在描图纸上写字应用黑色墨水的钢笔或蘸笔。要想写好长仿宋字，平时就要多练、多看、多体会书写要领以及字体的结构规律，持之以恒，必能写好。

（2）数字和字母

图纸中的数值、分数、百分数和比例数的注写，应用阿拉伯数字书写，书写时应工整清晰，以免误读。书写前也应打格（按字高画出上下两条横线）或在描图纸下垫字格，便于控制字体的字高。阿拉伯数字、罗马数字、拉丁字母的字例见表1-8。如需写成斜体字，其斜度应是从字的底线逆时针向上倾斜

75°。斜体字的字高和字宽和直体字相等。

常见字体示例　　　　　　　　　　　　　　　　　　表 1-8

字体		示　例
长仿宋体字	7 号	字体工整笔画清楚间隔均匀排列整齐
	5 号	字体工整笔画清楚间隔均匀排列整齐
拉丁字母	A 型字体大写斜体	*ABCDEFGHIJKLMNOPQRSTUVWXYZ*
	A 型字体小写斜体	*abcdefghijklmnopqrstuvwxyz*
阿拉伯数字	A 型字体斜体	*1234567890*
	A 型字体直体	1234567890
综合应用		$\sqrt{}$ Ra 12.5　　$\phi 86^{+0.038}_{-0.056}$　　$\phi 25 \frac{H6}{m5}$　　R73

1.1.4　比例和图名

（1）比例

比例是指图形与实物相对应的线性尺寸之比。线性尺寸是指直线方向的尺寸如长、宽、高尺寸等。所以，图样的比例是线段之比而非面积之比。

绘图所用的比例，应根据图样的用途与被绘对象的复杂程度从表 1-9 中选用，并优先采用常用比例。建筑专业制图选用比例宜符合表 1-10 的规定。

绘图所用比例　　　　　　　　　　　　　　　　　　表 1-9

常用比例	1：1、1：2、1：5、1：10、1：20、1：30、1：50、1：100、1：150、1：200、1：500、1：1000、1：2000
可用比例	1：3、1：4、1：6、1：15、1：25、1：40、1：60、1：80、1：250、1：300、1：400、1：600、1：5000、1：10000、1：20000、1：50000、1：100000、1：200000

建筑图常用比例　　　　　　　　　　　　　　　　表 1-10

建筑的总平图、平面图、立面图、剖面图	1：1000、1：500、1：200、1：100、1：50
建筑的局部放大图	1：50、1：20、1：10
构件以及构造详图	1：50、1：20、1：10、1：5、1：2、1：1

一般情况下，一个图样应选用一种比例。根据专业制图需要，同一图样可选用两种比例。如图 1-5 所示是同一扇门用不同比例画出的门的立面图。注意：无论用何种比例绘出的同一图形，所标的尺寸均应按实际尺寸标注，而不是图形本身的尺寸。

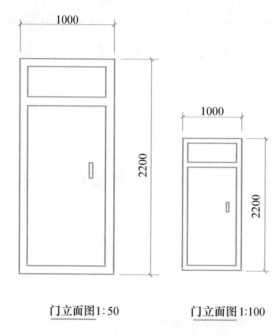

门立面图1：50　　　　门立面图1：100

图 1-5　用不同比例绘制的门立面图

(2) 图名

按制图规定，图名应用仿宋字书写在图样的下方，比例宜注写在图名的右侧，字的基准线应取平。图名若为文字，则图名下方应用粗实线绘制图名线，比例的字高宜比图名的字高小一到二号，如图 1-6 所示。

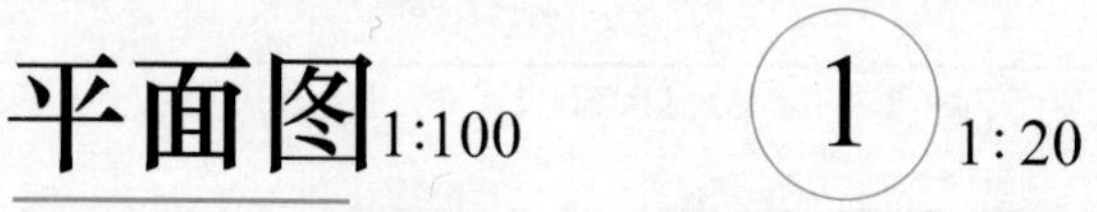

平面图 1：100　　　①1：20

图 1-6　图名和比例

1.1.5　尺寸标注

建筑工程图除了按一定比例绘制外，还必须注有详细、准确的尺寸才能全面表达设计意图，准确无误地施工。所以，尺寸标注是一项重要的内容。

（1）尺寸的组成以及标注要求

图样中的尺寸应整齐、统一，数字清晰、端正。尺寸标注由尺寸界线、尺寸线、尺寸起止符号、尺寸数字四部分组成，如图1-7所示。

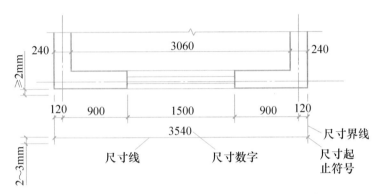

图1-7　尺寸的组成和标注

1）尺寸界线

A. 尺寸界线用来限定所注尺寸的范围，采用细实线绘制，一般应和尺寸线垂直，同时也应和被注长度垂直。

B. 为避免和图样上的线条混淆，其一端应离开图样轮廓线不小于2mm，另一端宜超出尺寸线2～3mm。图样轮廓线可用作尺寸界线。

2）尺寸线

A. 尺寸线用来表示尺寸的方向，采用细实线绘制。应与被注长度平行，两端宜以尺寸界线为边界，也可超出尺寸界线2～3mm。

B. 图样本身的任何图线均不得用作尺寸线。

C. 图样轮廓线以外的尺寸线，距离图样的最外轮廓线之间的距离不小于10mm，平行排列的尺寸线之间的距离宜为7～10mm，并保持一致。总尺寸的尺寸界线应靠近所指部位，中间的分尺寸的尺寸界线可稍短，但其长度应相等。

3）尺寸起止符号

A. 尺寸起止符号用以表示尺寸的起止，应为中粗的斜短线绘制，其倾斜方向应与尺寸界线成顺时针 45°角，长度宜为 2～3mm。

B. 轴测图中用小圆点表示尺寸起止符号，小圆点直径 1mm。直径、角度和弧长的尺寸起止符号，宜用箭头表示，箭头宽度 b 不宜小于 1mm。画法如图 1-8 所示。

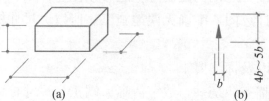

(a)　　　　　　(b)

图 1-8　尺寸起止符号的画法

（a）轴测图尺寸起止符号；（b）箭头尺寸起止符号

4）尺寸数字

A. 图样上的尺寸数字是建筑施工的主要依据，为被注物体的实际大小，与采用的比例无关，也不得从图上直接量取。

B. 在尺寸标注中数字应根据其方向注写在靠近尺寸线的上方中部，如尺寸数字和线条冲突，应图线断开；如图 1-9 所示。

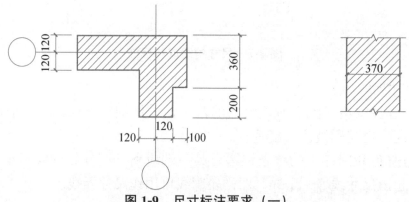

图 1-9　尺寸标注要求（一）

C. 当没有足够的注写位置，最外边的尺寸数字可注写在尺寸界线外侧，中间相邻的尺寸数字可上下错开注写，可用引出线表示标注尺寸的位置，如图 1-10 所示。

图 1-10　尺寸标注要求（二）

D. 尺寸数字的方向，应按图 1-11（a）规定的方向注写，若尺寸数字在 30°斜线区内，也可按图 1-11（b）的形式注写。

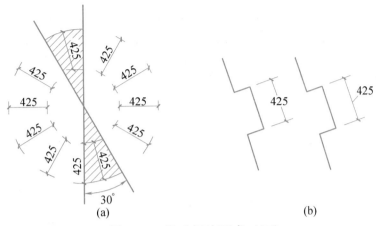

图 1-11　尺寸标注要求（三）

E. 尺寸数字一般不注写单位。建筑制图中除标高及总平图以米为单位外，其他必须以毫米为单位。

（2）尺寸标注示例　常见尺寸标注见表 1-11。

常见尺寸标注形式　　　　　　　　　　　　　　　　　　表 1-11

内容	图例	说明
标注半径		半圆和小于半圆的弧一般标注半径，半径的尺寸线应一端从圆心开始，另一端画箭头指向圆弧。半径数字前应加注半径符号"R"
标注直径		圆和大于半圆的弧一般标注直径，直径数字前应加直径符号"ϕ"，在圆内标注的直径尺寸应通过圆心，两端画箭头指至圆弧，较小的圆的直径尺寸可标注在圆外

内容	图例	说明
标注球	标注球的半径时,应在尺寸数字前加注符号"SR";标注直径时,应在尺寸数字前加注符号"Sφ"。其注写方法和圆弧半径和圆的直径的尺寸标注方法相同	
标注角度	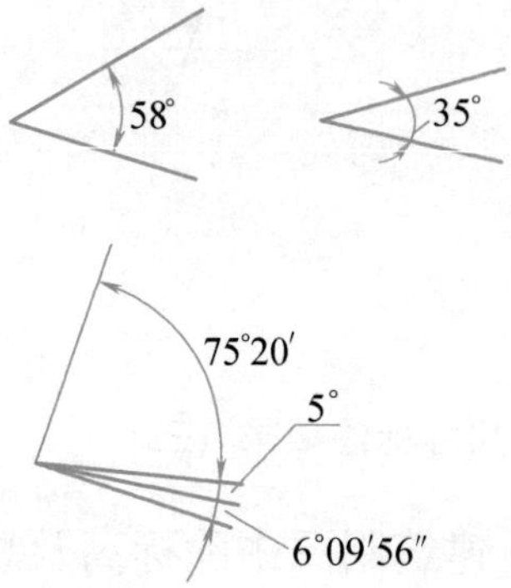	角度的尺寸线应用圆弧表示,圆弧的圆心为该角的顶点,角的两条边为尺寸界线。起止符号应以箭头表示,如没有足够的位置画箭头,可以用圆点代替。角度数字应沿尺寸线方向注写
标注圆弧弧长	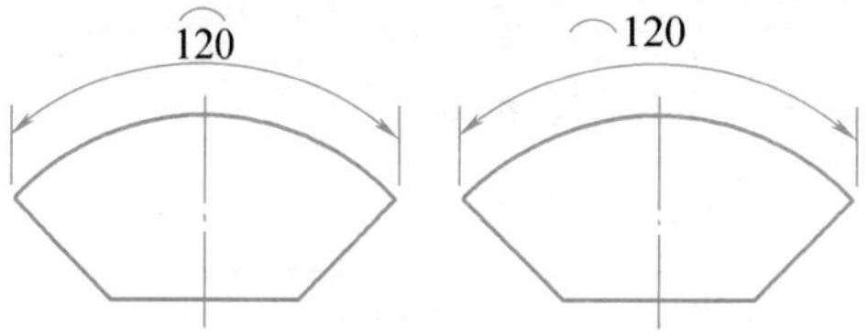	标注圆弧的弧长时,尺寸线应用和该圆弧同心的圆弧线表示,尺寸界线应指向圆心,起止符号用箭头表示,弧线数字的上方或前方应加注圆弧符号"⌒"
标注圆弧弦长	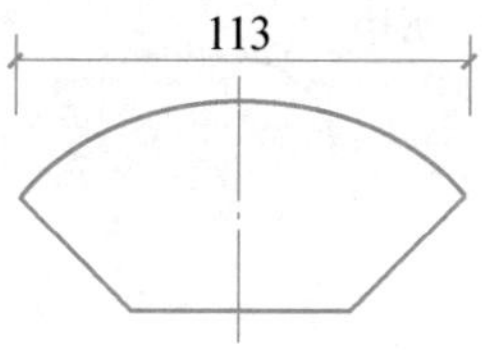	标注圆弧的弦长时,尺寸线应和平行于该弦的直线表示,尺寸界线应垂直于该弦,起止符号应用中粗斜短线表示
标注坡度	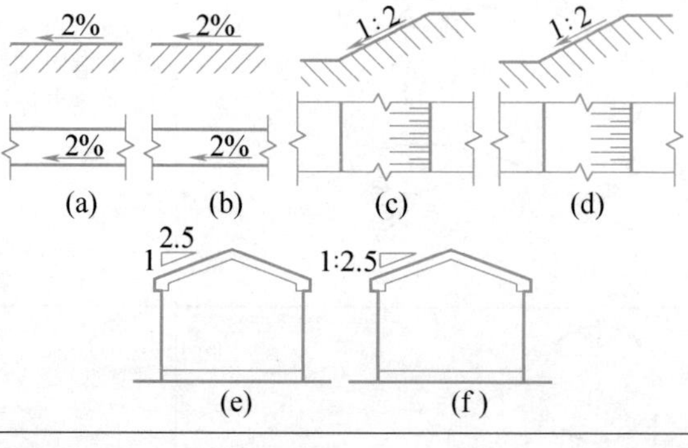	标注坡度时,在坡度数字下应加注坡度符号,坡度符号的箭头应指向下坡方向。坡度也可以用直角三角形的形式标注
杆件或管线的长度	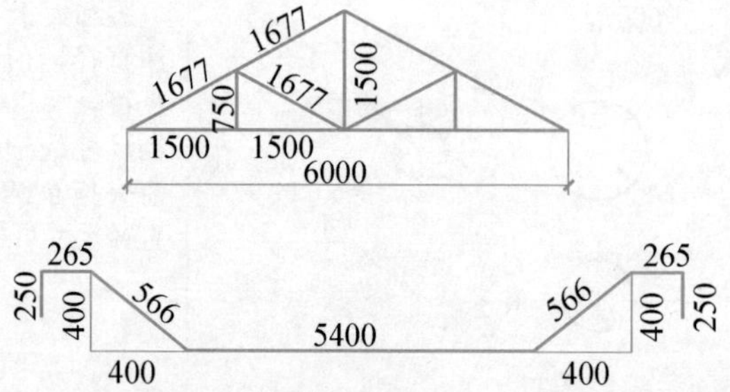	在单线图上,如桁架、钢筋、管线简图,可直接将尺寸数字沿杆件或管线一侧注写

内容	图例	说明
连续排列的等长尺寸	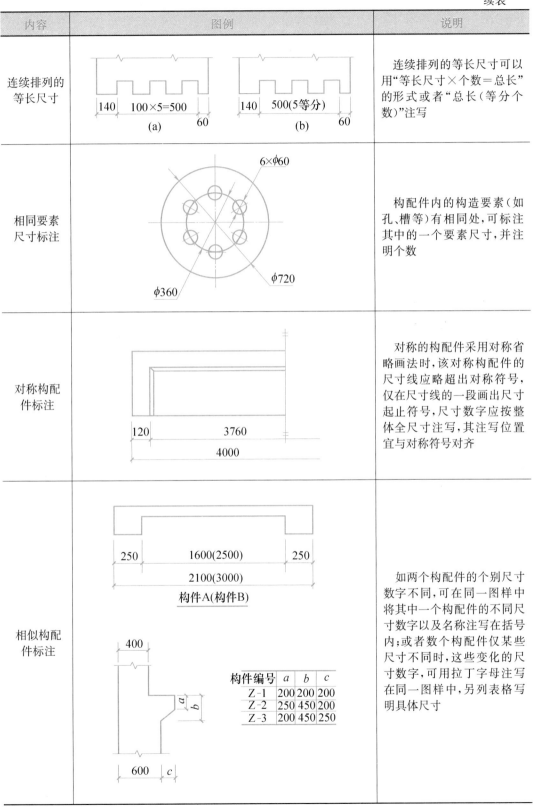	连续排列的等长尺寸可以用"等长尺寸×个数＝总长"的形式或者"总长(等分个数)"注写
相同要素尺寸标注		构配件内的构造要素(如孔、槽等)有相同处,可标注其中的一个要素尺寸,并注明个数
对称构配件标注		对称的构配件采用对称省略画法时,该对称构配件的尺寸线应略超出对称符号,仅在尺寸线的一段画出尺寸起止符号,尺寸数字应按整体全尺寸注写,其注写位置宜与对称符号对齐
相似构配件标注		如两个构配件的个别尺寸数字不同,可在同一图样中将其中一个构配件的不同尺寸数字以及名称注写在括号内;或者数个构配件仅某些尺寸不同时,这些变化的尺寸数字,可用拉丁字母注写在同一图样中,另列表格写明具体尺寸

1.2 制图工具

学习建筑制图，必须掌握制图工具的正确使用方法，并通过练习逐步熟练起来，这样才能保证绘图质量，提高绘图速度。

1.2.1 图板

图板是指用来铺贴图纸以及配合丁字尺、三角板等进行制图的平面工具。图板板面要平整、相邻边要平直，如图 1-12 所示。图板板面通常为椴木夹板，边框为水曲柳等硬木制作。

图 1-12　图板

1.2.2 丁字尺

丁字尺是由相互垂直的尺头和尺身组成的，如图 1-13 所示。例如画水平

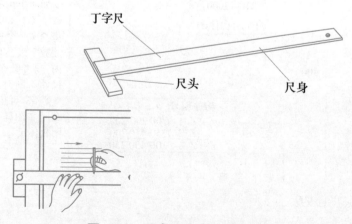

图 1-13　丁字尺画水平平行线

线时，首先让其尺头沿图板左边上下移动到所需画线的位置，然后左手压紧尺身，右手执笔自左向右画线，如图 1-13 所示。

1.2.3　三角板

一副三角板有 $30°$、$60°$、$90°$ 和 $45°$、$45°$、$90°$ 两块，且后者的斜边与前者的长直角边长度相等。三角板除了可以画直线外，还可以配合丁字尺自下而上的绘铅垂线以及各种角度为 $15°×n$ 的斜线，如图 1-14、图 1-15 所示。

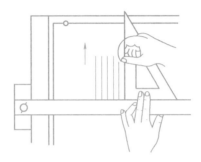

图 1-14　三角板和丁字尺配合画铅垂平行线

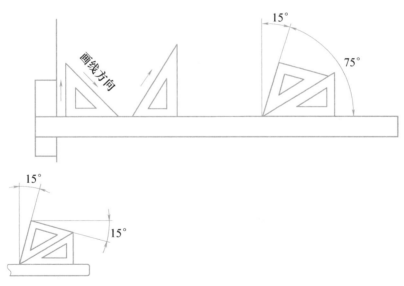

图 1-15　三角板和丁字尺配合画 15° 以及其倍数的斜线

1.2.4　圆规和分规

圆规是画圆以及圆弧的主要工具，其中的一脚为固定紧的钢针，另一脚为可替换的各种铅笔芯。圆规在使用前应先调整针脚，使针尖稍长于笔尖，如图1-16（a）所示。画小圆、大圆或圆弧时应从左下方按顺时针方向开始画，笔尖应垂直于纸面，如图1-16（b）、图1-16（c）所示。

分规和圆规相似，只是两腿均装了圆锥状的钢针，既可用于量取线段的长度，又可等分线段和圆弧。分规的两针合拢时应对齐，如图1-17所示。

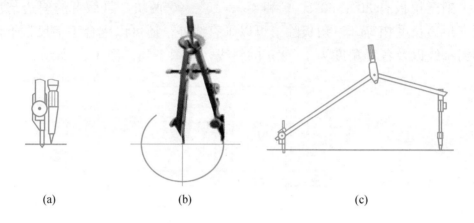

（a）　　　　　　　　　（b）　　　　　　　　　（c）

图 1-16　圆规的用法

（a）圆规的调整；（b）画小圆；（c）画大圆或圆弧

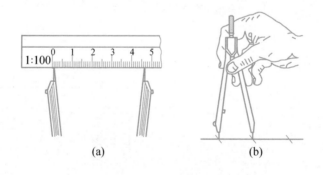

（a）　　　　　　　　　（b）

图 1-17　分规的用法

（a）在直尺上量取长度；（b）将尺寸转移到纸上

1.2.5　绘图铅笔

绘图铅笔有多种硬度，代号 H 表示硬芯铅笔，H～3H 常用于画底稿线，代号 B 表示软芯铅笔，B～3B 常用于加深图线的色泽；HB 表示中等硬度铅笔，通常用于注写文字和加深图线等。

铅笔应从没有标记的一端开始使用，铅笔的削法如图 1-18 所示。尖锥形铅芯用于画稿线、细线和注写文字等，楔形铅芯可削成不同的厚度，用于加深不同宽度的图线。

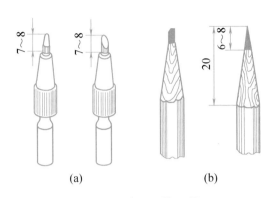

图 1-18　铅芯的形状

（a）圆规中的铅芯；（b）铅笔中的铅芯

画线时握笔要自然，速度、用力要均匀。用圆锥形铅芯画较长的线段时，应边画边在手中缓慢的转动且始终和纸面保持一定的角度。

1.2.6　比例尺

比例尺是直接用来放大或缩小图线长度的量度工具。目前多用三棱比例尺，尺面上有六种比例可供选用，如图 1-19 所示。

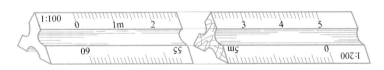

图 1-19　比例尺

1.2.7　制图模板

人们为了在手工制图条件下提高制图的质量和速度，把建筑工程专业图上的常用符号、图例和比例尺，刻画在透明的塑料薄板上，制成供专业人员使用的尺子就是制图模板。建筑制图中常用的模板有：建筑模板、结构模板、给水排水模板等。拥有一块制图模板（图 1-20），对于学习建筑制图还是很有帮助的。

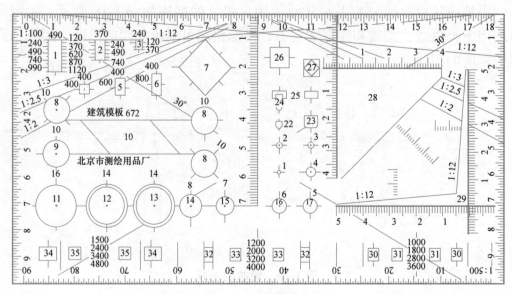

图 1-20　制图模板

1.2.8　其他工具

（1）擦图片

擦图片用于修改图样，形状如图 1-21 所示。其材质多为不锈钢，上面打有各种形状的孔洞。使用时将擦图片盖在图面上，从孔洞中露出有错的图线，然后用橡皮擦拭，这样可防止擦去近旁画好的图线，有助于提高绘图速度。

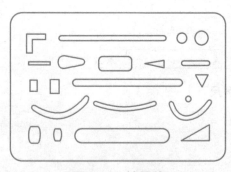

图 1-21　擦图片

（2）透明胶带纸

透明胶带纸用于将图纸固定在图板上，通常使用 1mm 宽的胶带纸粘贴，注意不能使用普通图钉来固定图纸。

（3）橡皮

橡皮有软硬之分。修整铅笔线多用软质的 4B 橡皮。

（4）砂纸

铅笔用小刀削去木质部分后，再用细砂纸将铅芯磨成所需的形状。砂纸可用双面胶带固定在薄木板或硬纸板上，做成如图 1-22 的形状。

（5）排笔

用橡皮擦拭图面会有橡皮屑残留，可使用排笔掸掉碎屑，如图 1-23 所示。

图 1-22　砂纸板　　　　　　　　　图 1-23　排笔

1.3　几何作图

1.3.1　等分线段

等分线段的方法在绘制楼梯图、花格图等图形时经常用到，这也是基本的作图方法之一。

（1）线段的任意等分

把已知线段五等分，可采用作平行线法求得各等分点，其作图方法和步骤如图 1-24 所示。

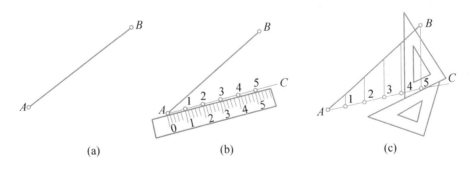

　　　　（a）　　　　　　　　　　（b）　　　　　　　　　　（c）

图 1-24　线段的任意等分

1）已知直线段 AB；

2）过点 A 作任意直线 AC，用直尺在 AC 上从点 A 起截取任意长度的五等分，得 1、2、3、4、5 点；

3）连接 $B5$，然后过其他点分别作直线平行于 $B5$，交 AB 于四个点，这四个点即为所求的等分点。

（2）两平行线间的任意等分

在建筑制图中经常用到等分两平行线间的距离，其作图方法和步骤（以五等分为例）如图 1-25 所示。

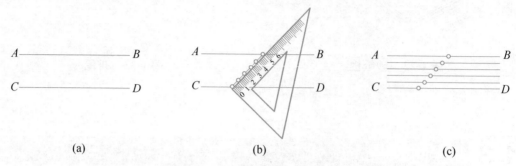

（a）   （b）   （c）

图 1-25　两平行线间的任意等分

1）已知平行线 AB 和 CD；

2）置直尺的刻度 0 点于 CD 上，摆动尺身使得刻度 5 落在 AB 上，暂得 1、2、3、4 等分点；

3）过各等分点作 AB 或 CD 的平行线，完成。

1.3.2　正多边形的画法

圆的内接正三、四、六、八、十二边形，都可以用丁字尺配合三角板画出，圆内接正五边形，可用五等分圆周的方法画出。圆内接任意正多边形，可通过近似等分圆周法画出，也可用查表的方法在求得边长以后再画出。

（1）作圆的内接正三角形

作圆的内接正三角形的方法和步骤如图 1-26 所示。

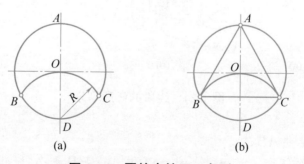

（a）   （b）

图 1-26　圆的内接正三角形

1）以 D 为圆心，R 为半径作弧得 BC；

2）连接 AB、BC、CA 即得圆内正接三角形；

（2）作圆的内接正六边形

作圆的内接正六边形的方法和步骤如图 1-27 所示。

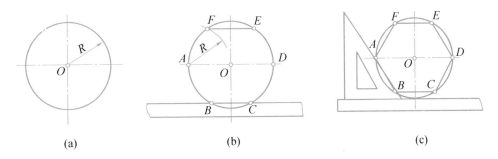

图 1-27　圆的内接正六边形

1）已知半径为 R 的圆；

2）以 A、D 为圆心，R 为半径划分圆周为六等分；

3）顺序将各等分点连接起来，完成。

（3）作圆内接正五边形

作圆内接正五边形的方法和步骤如图 1-28 所示。

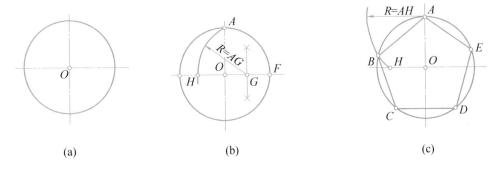

图 1-28　圆的内接正五边形

1）已知圆心 O；

2）作半径 OF 的等分点 G，以 G 为圆心，GA 为半径作圆弧，交直径于 H；

3）以 AH 为半径，分圆周为五等分，顺序连各等分点 A、B、C、D、E，完成。

1.3.3　圆弧的连接

建筑物或构件的轮廓，有的是简单的几何图形（如正多边形、圆、椭圆等），有的则是由各种线段（如直线、圆弧等）连接而成的。圆弧连接就是用圆弧把直线和直线、直线和圆弧、圆弧和圆弧光滑地连接起来，它们的连接点就是连接线的切点。下面介绍几种圆弧连接的方法。

（1）两直线间的圆弧连接

用圆弧连接两直线的方法和步骤如图 1-29 所示。

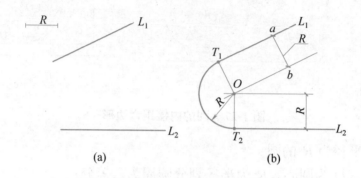

图 1-29　两直线间的圆弧连接

（a）已知；（b）作图

（2）直线和圆弧间的圆弧连接

用圆弧连接直线和圆弧的方法和步骤如图 1-30 所示。

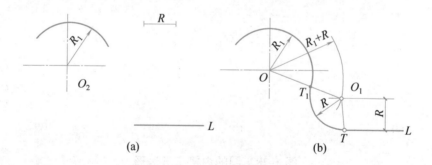

图 1-30　用圆弧连接直线和圆弧

（a）已知；（b）作图

（3）两圆弧间的圆弧连接

用圆弧连接两圆弧有三种情况，即圆弧和两圆弧外切连接，圆弧和两圆弧内切连接，圆弧和两圆弧内、外切连接。

1）圆弧和两圆弧外切连接，其方法和步骤如图 1-31 所示。

2）圆弧和两圆弧内切连接，其方法和步骤如图 1-32 所示。

3）圆弧和两圆弧内、外切连接，其方法和步骤如图 1-33 所示。

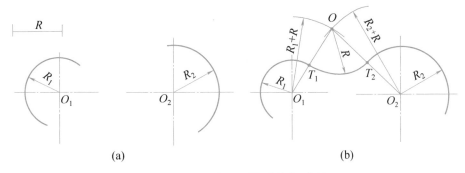

图 1-31　圆弧和两圆弧外切连接

（a）已知；（b）作图

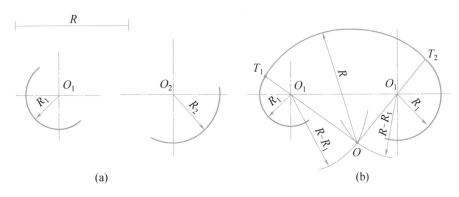

图 1-32　圆弧和两圆弧内切连接

（a）已知；（b）作图

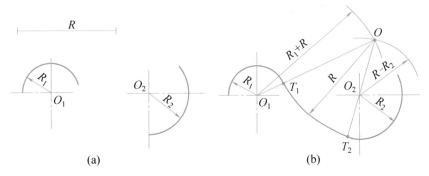

图 1-33　圆弧和两圆弧内、外切连接

（a）已知；（b）作图

1.3.4　椭圆的画法

（1）同心圆法

用同心圆法作椭圆，其方法和步骤如图 1-34 所示。

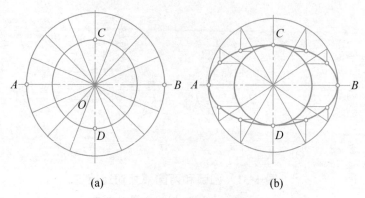

图 1-34　同心圆法作椭圆

(a) 已知；(b) 作图

（2）四心圆弧近似法

用四心圆弧近似法作椭圆，其方法和步骤如图 1-35、图 1-36 所示。

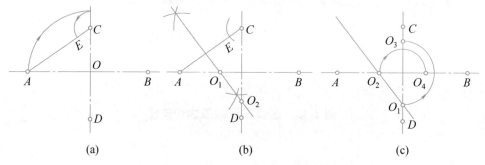

(a)　　　　　　　　　　(b)　　　　　　　　　　(c)

图 1-35　四心圆弧法作近似椭圆（一）

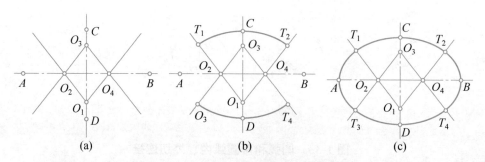

(a)　　　　　　　　　　(b)　　　　　　　　　　(c)

图 1-36　四心圆弧法作近似椭圆（二）

1）连接 AC，在 AC 上截取点 E，使 $CE = OA - OC$；

2）作线段 AE 的中垂线并和短轴交于 O_1，和长轴交于 O_2；

3）在 CD、AB 上找到 O_1、O_2 的对称点 O_3、O_4，则 O_1、O_2、O_3、O_4 即为四段圆弧的四个圆心；

4）将四个圆心点两两相连，得出四条连心线；

5）以 O_1、O_3 为圆心，$O_1C = O_3D$ 为半径，分别画圆弧 T_1T_2 和 T_3T_4；

6）以 O_2、O_4 为圆心，$O_2A = O_4B$ 为半径，分别画圆弧 T_1T_3 和 T_2T_4，完成所作的椭圆。

1.4　图样的绘制过程

1.4.1　准备工作

（1）准备好需要的绘图工具，并且保证工具在使用过程中的清洁；

（2）根据图样的大小选择好图纸规格，用胶带纸固定在图板上，应保证图纸距离图板边缘有一定的距离。图纸上下边缘应和丁字尺的尺身平行。

1.4.2　绘制底稿

（1）底稿的绘制应采用削尖的 H 或 2H 铅笔，底稿线应为细而浅的实线，能看清即可；

（2）用细线绘出图幅、图框、标题栏和会签栏等；

（3）根据所画图的类型和内容，对图中的内容进行排版和布局，将图形均匀、整齐地安排在图纸上，避免排版过于紧凑和宽松；

（4）画图时，一般先绘制定位轴线或中心线，其次画图形的主要轮廓线，然后画细部以及其余线条，如尺寸线、尺寸界线、引出线等，文字说明以及数字可在图形加深完后再注写。

1.4.3　加深铅笔图

（1）应在检查完底稿线，确保准确无误后擦去多余的底稿线，然后采用 B 或 2B 的铅笔对图线进行加粗和加深，较长的线在绘制时应适当转动铅笔以保证图线粗细均匀。

（2）线条加粗时应分清楚不同线条的线宽和线型。图中无论线条的宽度和线型是否相同，加深出来的线条应粗细均匀，颜色深浅一致。

（3）加深铅笔图线时宜按先细后粗、先曲后直、先水平后垂直的原则进行，由上至下、由左至右，按不同线型把图线全部加深。

（4）规范字体注写尺寸和说明文字。

1.4.4 图样的校对检查

整张图纸绘制完成后，应细致检查、校对、修改，才算最后完成。具体做法如下：首先检查图样是否正确；其次检查图线的交接、粗细、色泽以及线型应用是否准确；最后校对文字、尺寸标注是否整齐、正确、符合国家标准。

思考题

1. 建筑工程图的图纸幅面代号有哪些？图纸的长短边比例关系是什么？A2 和 A3 的图幅尺寸分别是多少？

2. 图线的线型有哪些？绘制时有什么要求，如果相互交接又有什么要求？

3. 长仿宋体字的书写要领是什么，字高和字宽有何要求？

4. 什么是图样的比例，其大小代表什么？

5. 尺寸标注的组成部分有哪些，标注时的注意事项是什么？

6. 什么情况要注写直径？什么情况要注写半径？

7. 连续等长的尺寸如何进行简化标注？

8. 尺寸标注的注意事项有哪些？尺寸是否能从图样上直接量取？

9. 图样的绘制步骤是什么？

Chapter 02

教学单元 2

投影的基本知识

通过本单元的学习，熟悉投影的概念、分类以及方法；掌握空间象限的基本概念及第一空间象限角；掌握正投影的特性，学会利用正投影规律识读形体的投影；掌握三面投影体系的形成及投影规律，培养学生的识图能力，提高空间想象力。

教学要求：

能力目标	知识要点	权重
熟悉投影的概念、方法以及分类	投影的形成以及分类	20%
掌握正投影的特性	正投影的特性	30%
掌握三面投影体系的形成	三面投影体系	20%
掌握三面投影体系的投影规律	正投影规律	30%

2.1 投影的形成与分类

2.1.1 投影的形成

投影的
概念

日常生活中，不透明的物体在有光源照射的情况下会产生影子，影子只能反映物体的轮廓，无法反映其内部的形状，如图 2-1 （a）所示，即假设光线能够穿透形体，将形体的各个顶点以及各条棱边都在平面 P 上落下影，将这些点以及线组成的能够反映形状的图形称为投影。

如图 2-1 （b）所示，我们将透明的平面 P 称为投影面，视点 S 与形体的连线称为投射线，投射线的交点 S 称为投影中心，所得到的影像称为投影，投影面、形体、投射线是投影形成的三要素。

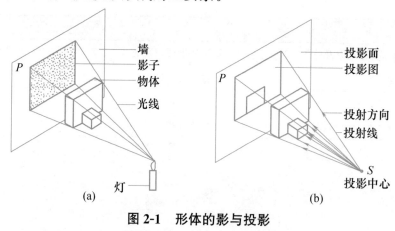

图 2-1　形体的影与投影

（a）形体的影；（b）形体的投影

2.1.2 投影的分类

投影的
分类

当投影三要素之间的相互关系不同时，得到的投影也不同。根据投影中心与形体的距离，分为中心投影和平行投影。

（1）中心投影

如图 2-2 所示，投射中心与形体距离较近，投射线从一点发出得到的投影称为中心投影，也称为透视图。

中心投影的特点是不能如实反映形体的大小，并且投影的大小跟形体与投射中心的距离有关，所以不能直接在图中度量形体的真实形状以及大小。但是中心投影的形成原理与人的视觉习惯非常接近，所以其具有直观性很强、形象逼真的特点，常被用作建筑方案设计图以及效果图。

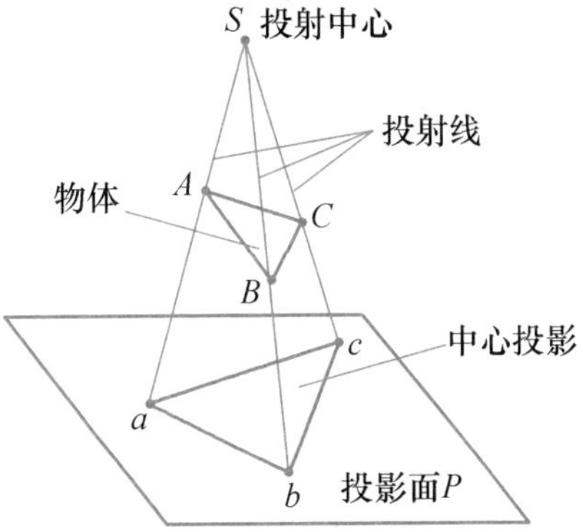

图 2-2   中心投影

（2）平行投影

当投影中心距离形体无限远时，我们可以假定投射线相互平行，得到的投影称之为平行投影。当投射线与投影面角度不同时，得到的投影也不相同。

1）正投影

当投射线与投影面垂直时，所得到的平行投影为正投影。正投影包括正轴测投影、多面正投影、标高投影。如图 2-3 所示。

2）斜投影

当投射线与投影面成一定的倾斜角度时，所得到的平行投影为斜投影。用斜投影的方法可以形成斜轴测投影。如图 2-4 所示。

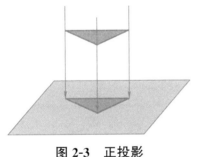

图 2-3   正投影

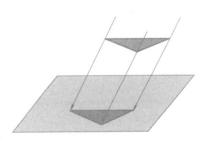

图 2-4   斜投影

2.2 正投影的投影特性

2.2.1   点的正投影特性

点的投影仍为点，一般空间点命名为大写的拉丁字母，其投影为对应的小写拉丁字母，如图 2-5 所示。

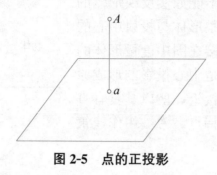

图 2-5　点的正投影

2.2.2　直线的正投影特性

（1）真实性——当直线平行于投影面时，其投影为直线并反映其实际长度，如图 2-6（a）所示；

（2）积聚性——当直线垂直于投影面时，其投影积聚为一个点，如图 2-6（b）所示；

（3）类似性——当直线倾斜于投影面时，其投影仍为直线但其投影长度小于实际长度，如图 2-6（c）所示。

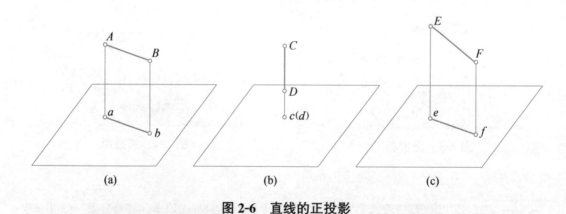

(a) (b) (c)

图 2-6　直线的正投影

（a）直线的真实性；（b）直线的积聚性；（c）直线的类似性

2.2.3　平面的正投影特性

（1）真实性——当平面平行于投影面时，其投影为平面并反映其实际形状，如图 2-7（a）所示；

（2）积聚性——当平面垂直于投影面时，其投影积聚为一条直线，如图 2-7（b）所示；

（3）类似性——当平面倾斜于投影面时，其投影仍为平面，形状相似但小于原平面，如图 2-7（c）所示。

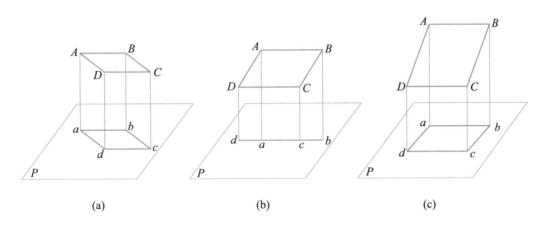

(a)　　　　　　　　　　(b)　　　　　　　　　　(c)

图 2-7　平面的正投影

（a）平面的真实性；（b）平面的积聚性；（c）平面的类似性

三面投影

2.3　三面正投影

2.3.1　空间象限角

空间以 O 点为中心，X、Y、Z 三条相互垂直的轴线为分隔，将空间分为八个象限，称为空间八象限角。如图 2-8 所示。当 X、Y、Z 轴线都为正向时，为第一象限角；当 Y、Z 正向，X 轴负向时为第二象限角；当 Z 正向，X、Y 轴负向时为第三象限角；当 X、Z 正向，Y 轴负向时为第四象限角；其余象限以此类推。

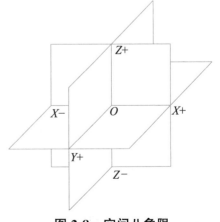

图 2-8　空间八象限

2.3.2　投影面的设置

当投影方向、投影面确定后，形体在一个投影面上的投影图是唯一的，但一个投影图只能反映它的一个面的形状以及尺寸，并不能完整地表示出它的全貌。

（1）形体在一个投影面的正投影

如图 2-9 所示，从一组投射线在一个投影面上的投影可以看出：即使四个形体的形状不同，投射方位选择恰当可以得到的相同的投影。由此可见，一个方向的投影无法准确、全面地反映一个形体。

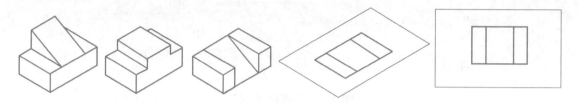

图 2-9　不同形体 一面投影相同

（2）形体在两个投影面的正投影

如图 2-10 所示，从两组投射线在两个相互垂直的投影面上的投影可以看出：即使三个形体的形状不同，投射方位选择恰当还是可以得到两个相同的投影。由此可见，两个方向的投影有时也无法准确、全面地反映一个形体。

（3）形体在三个投影面的正投影

如图 2-11 所示，选择空间第一象限角作为投影体系，这样得到的三个相互垂直的投影面，可以准确、全面地反映一个形体的基本形状。

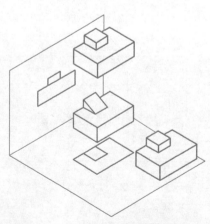

图 2-10　不同形体 两面投影相同

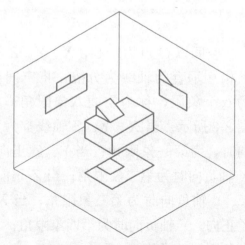

图 2-11　形体的三面投影

我们将 XOY 组成的平面称为水平投影面，简称 H 面，其投影称为水平投影图；将 XOZ 组成的平面称为正立投影面，简称 V 面，其投影称为正面投影图；将 YOZ 组成的平面称为侧立投影面，简称 W 面，其投影称为侧面投影图。如图 2-12 所示。

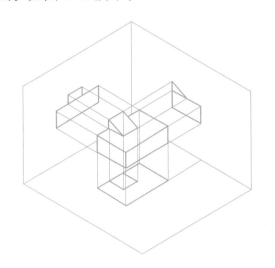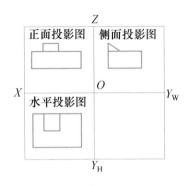

图 2-12   三面投影体系

2.3.3   三面投影体系的形成

(1) 三面投影体系的展开

三面投影体系中，V 面不动，H 面绕 OX 轴向下旋转 $90°$，W 面绕 OZ 轴轴向后旋转 $90°$，使它们与 V 面展成形成一个平面，如图 2-13 所示。这时 Y 轴分为两条：一根随 H 面旋转到 OX 轴的正下方与 OX 轴在同一直线上，用 Y_H 表示；一根随 W 面旋转到 OZ 轴的正右方与 OZ 轴在同一直线上，用 Y_W 表示。

(2) 尺寸关系

三面投影体系中的 X 轴表示长度，Y 轴表示宽度，Z 轴表示高度。所以 H 面以及 V 面 X 轴方向都反映长方体的长度，它们的位置左右应对正，即为"长对正"；V 面以及 W 面在 Z 轴方向都反映长方体的高度，它们的位置上下应对齐，即为"高平齐"；H 面以及 W 面在 Y 轴方向都反映长方体的宽度，这两个宽度一定相等，即为"宽相等"。如图 2-14 所示，正投影的投影规律为：长对正、高平齐、宽相等。

(3) 方位关系

三面投影体系中的 X 轴表示左右，坐标越大越靠左；Y 轴表示前后，坐

标越大越靠前；Z 轴表示上下，坐标越大越靠上。所以 H 面投影可以表示形体的前后以及左右关系，V 面投影可以表示形体的上下以及左右关系，W 面投影可以表示形体的上下以及前后关系。如图 2-15 所示。

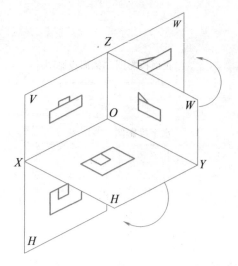

图 2-13　三面投影体系的展开

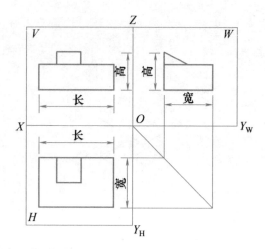

图 2-14　三面投影体系的尺寸关系

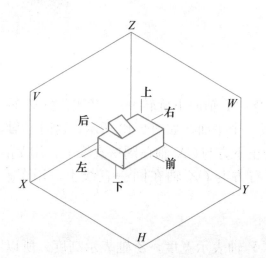

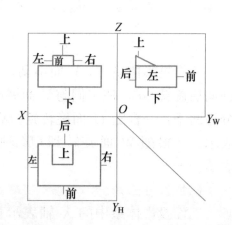

图 2-15　三面投影体系的方位关系

Chapter 03

教学单元 **3**
点、直线、平面的投影

　　本单元主要介绍了投影的概念和点、线、面投影的特性以及作图方法。点、线、面是组成形体的基本几何元素，熟练掌握点、线、面的投影特征及其从属关系，能逐步培养空间想象能力，提高分析问题的能力，对学习建筑的形体投影起到奠基作用。

教学要求：

能力目标	知识要点	权重
熟练掌握点的投影规律及点的投影与该点的直角坐标的关系； 掌握两点的相对位置及重影点可见性的判别方法	点的三面投影及其投影规律； 点的投影与坐标的关系； 两点的相对位置与重影点	20％
掌握各种位置直线的投影特性和作图方法； 掌握一般位置直线实长及倾角的求解方法； 掌握直线上的点的投影特性及定比关系； 掌握两直线的相对位置关系	各种位置直线的投影特性和作图方法； 直角三角形法； 直线上的点的求解及判定； 两直线三种相对位置的投影特性	50％
掌握各种位置平面的投影特性及作图方法； 掌握平面内的点和直线的几何条件及作图方法	各种位置平面的投影特性； 平面内的点和直线	30％

3.1 点的基本投影规律

3.1.1 点的投影

点的投影

任何形体的构成都离不开点、线和面等基本几何元素，例如图3-1（a）所示的长方体，是由六个面、十二条线和八个点组成。从分析的角度来看，只要把这些顶点的投影逐个画出，按形体上各顶点的关系，用直线将它们逐个连接，就可以作出形体的投影。所以要正确表达或分析形体，必须掌握点、直线和平面的投影规律。研究这些基本几何元素的投影特性和作图方法，对指导画图和读图都有十分重要的意义。

点的三面投影图是将空间点向三个投影面作正投影后，将三个投影面展开在同一个面后得到的。我们一般约定，空间点用大写字母如 A、B、C 表示，H 面、V 面、W 面投影分别用相应的小写字母 a、b、c；a'、b'、c'；a''、b''、c'' 表示。

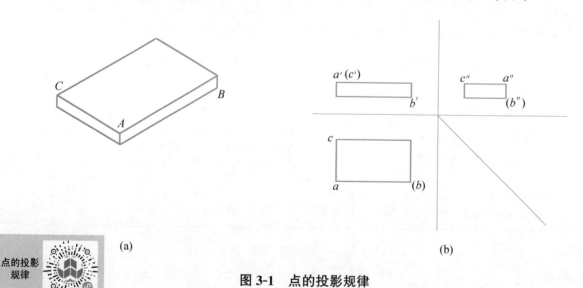

点的投影
规律

(a)

(b)

图 3-1　点的投影规律

3.1.2 点的投影规律

如图 3-1（a）所示，将长方体的顶点分别向 H 面、V 面、W 面投射，得

到的投影分别为 a、b、c；a'、b'、c'；a''、b''、c''，投影面展开后，得到图 3-1（b）所示的投影图。由投影图可看出，点的投影规律如下：

（1）点的 V 面投影和 H 面投影的连线垂直于 OX 轴，即 $a'a \perp OX$、$(b')b \perp OX$。

（2）点的 V 面投影和 W 面投影的连线垂直于 OZ 轴，即 $a'a'' \perp OZ$、$b'(b'') \perp OZ$。

（3）点的 H 面投影至 OX 轴的距离等于其 W 面投影至 OZ 轴的距离，即 $aa_X = a''a_Z$。

【**例 3-1**】　如图 3-2（a）所示，已知点 A 的 V 面投影 a' 和 W 面投影 a''，求作 H 面投影 a。

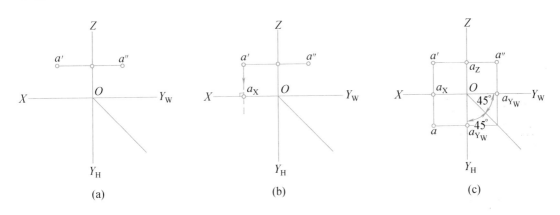

图 3-2　已知点的两面投影求第三面投影

分析：

根据点的投影规律可知，$aa' \perp OX$，过 a 作 OX 轴的垂线 $a'a_X$，所求 a 点必在 $a'a_X$ 的延长线并由此可确定 a 的位置。

作图：

（1）过 a' 作 $a'a_X \perp OX$，并延长，如图 3-2（b）所示；

（2）量取 $aa_X = a''a_Z$，求得 a，如图 3-2（c）所示。也可以如图 3-2（c）所示由 a'' 通过自 O 点引出的 45° 线作出 a。

3.1.3　点的投影与直角坐标

如图 3-3 所示，把三个投影面当作空间直角坐标面，投影轴当作直角坐标轴，则点的空间位置可用（x，y，z）三个坐标来确定。点的投影可反映点的坐标值。

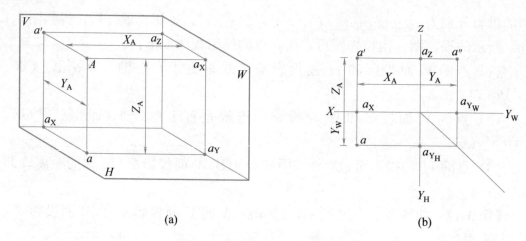

(a)　　　　　　　　　　　　　　　　(b)

图 3-3　点的投影及其坐标关系

（1）点 A 到 W 面的距离（X_A）为 $aa''=a_X o=a'a_Z=aa_Y=x$ 坐标；

（2）点 A 到 V 面的距离（Y_A）为 $aa'=a_Y o=a''a_Z=aa_X=y$ 坐标；

（3）点 A 到 H 面的距离（Z_A）为 $aa=a_Z o=a''a_Y=a'a_X=z$ 坐标。

空间点的位置可由该点的坐标确定，例如 A 点三面投影的坐标分别为 a（x_A，y_A），a'（x_A，z_A），a''（y_A，z_A），任一投影都包含了两个坐标，所以一点的两个面的投影就包含了确定该点空间位置的三个坐标，即确定了点的空间位置。

【例 3-2】　已知空间点 B 的坐标为 $x=12$，$y=10$，$z=15$，也可以写成 B（12，10，15），单位为 mm（下同），求作 B 点的三面投影。

分析：

已知空间点的三个坐标，便可作出该点的两个面的投影，进而作出另一面的投影。

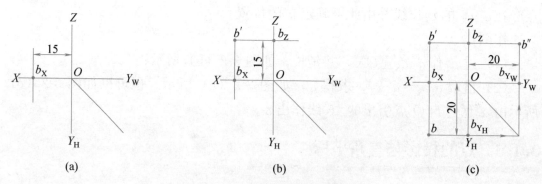

(a)　　　　　　　　　　　(b)　　　　　　　　　　　(c)

图 3-4　由点的坐标求三面投影

作图：

（1）画投影轴，在 OX 轴上由 O 点向左量取 15，定出 b_X，过 b_X 作 OX

轴的垂线，如图 3-4（a）所示；

（2）在 OZ 轴上由 O 点向上量取 15，定出 b_Z，过 b_Z 作 OZ 轴垂线，两条线交点即为 b'，如图 3-4（b）所示；

（3）在 $b'b_X$ 的延长线上，从 b_X 向下量取 20 得 b；在 $b'b_Z$ 的延长线上，从 b_Z 向右量取 20 得 b''，如图 3-4（c）所示。

3.1.4　两点的相对位置及重影点

两点的相对位置是指空间两个点的上下、左右、前后关系，在投影图中是以它们的坐标差来确定的。由 X 轴反映的是左右关系，Y 轴反映的是前后关系，Z 轴反映的是上下关系可知：两点的 V 面投影反映上下、左右关系；两点的 H 面投影反映左右、前后关系；两点的 W 面投影反映上下前后关系，如图 3-5 所示。

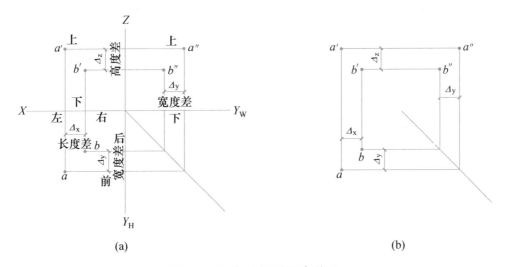

图 3-5　两点的相对距离关系

（a）有轴投影；（b）无轴投影

注意：两点的相对距离，并非指 A、B 的两点间的真实距离，而是指平行于 X、Y、Z 轴的距离，也就是分别到 W 面、V 面、H 面的距离差（坐标差），分别称为长度差、宽度差和高度差。如图 3-5（a）中，长度差 $\Delta X = X_A - X_B$，宽度差 $\Delta Y = Y_A - Y_B$，高度差 $\Delta Z = Z_A - Z_B$。

【例 3-3】已知空间点 C（14，9，11），D 点在 C 点的右方 7，前方 5，下方 7，求作 D 点的三面投影。如图 3-6 所示。

分析：D 点在 C 点的右方和下方，说明 D 点的 x、y 坐标小于 C 点；D 点在 C 点的前方，说明 D 点的 y 坐标大于 C 点，可根据两点的坐标差作出 D 点的三面投影。

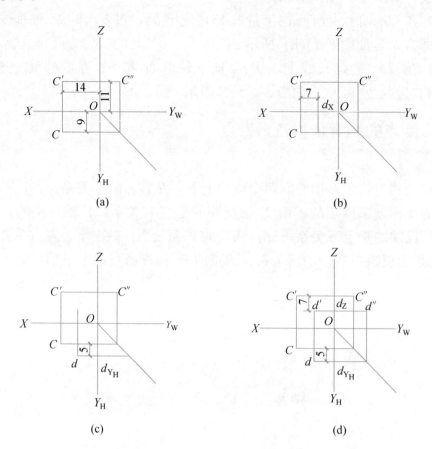

图 3-6 求作 D 点的三面投影

作图：

（1）根据 C 点的坐标作出其投影 c、c'、c''，如图 3-6（a）所示；

（2）以 cc' 上任意一点为起点，沿 x 轴方向量取 $15-8=7$ 得一点 d_X，过该点作 x 轴垂线，如图 3-6（b）所示；

（3）以 OX 轴上任意一点为起点，沿 Y 方向量取 $9+5=14$ 得一点 d_{YH}，过该点作 Y_H 轴的垂线，与 X 轴的垂线相交，交点为 D 点在 H 面投影 d，如图 3-6（c）所示；

（4）以 OX 轴上任意一点为起点，沿 Z 轴方向量取 $11-7=4$ 得一点 d_Z，过该点作 Z 轴的垂线，与 X 轴的垂线相交，交点为 D 点的在 V 面投影 d'。由 d 和 d' 作出 d''，完成 D 点的三面投影作图，如图 3-6（d）所示。

如图 3-7 所示，若 A 点和 B 点的 x、y 坐标相同，只是 A 点的 z 坐标大于 B 点的 z 坐标，则 A 点和 B 点的 H 面投影 a 和 b 重合，V 面投影 a' 在 b' 之上，且在同一条垂直线上，W 面投影 a'' 在 b'' 之上，也在同一条垂直线上。A 点和 B

点的 H 面投影重合，称为 H 面的重影点。因为 B 点的 z 坐标小，其水平投影被上面的 A 点遮住成为不可见的点。重影点在标注时，将不可见的点的投影加上括号，如图 3-7 中的 b 和 c'。重影点和投影面的关系为：正面 V 上的一对重影点是正前、正后方的关系；水平面 H 上的一对重影点是正上、正下方的关系；侧面 W 上的一对重影点是正左、正右方的关系。

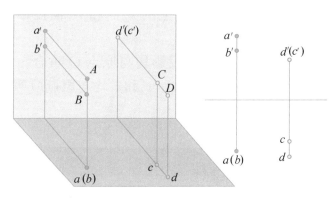

A、B 为水平投影面的重影点
C、D 为正面投影面的重影点

图 3-7　重影点的投影

3.1.5　特殊位置的点

一点可以不在任何投影面上，也可以位于投影面上，投影轴上，甚至与原点重合而形成三种特殊位置的点，它们的投影可以恰好在投影轴上或与原点重合，如图 3-8（a）所示。

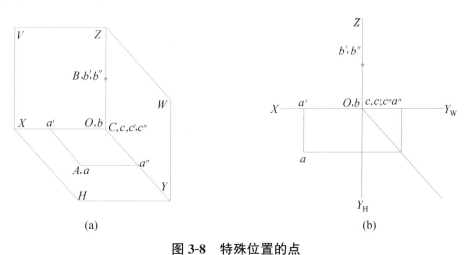

（a）　　　　　　　　　　　　　　（b）

图 3-8　特殊位置的点

（a）空间状况；（b）投影图

（1）投影面上的点。一投影与该点本身重合，另外的投影在投影轴上。如图 3-8（a）中的点 A 位于 H 面上，H 面投影 a 与点 A 本身重合。图 3-8（b）是投影图，故不必写出 A，只注写 a，a'' 位于 y 轴上，在投影图中，因为 a 位于 W 面，应画在属于 W 面上的 OY 轴上。

（2）投影轴上的点。两投影重合于该点本身，另外一个投影与原点重合。如图 3-8（a）中的点 B 位于 Z 轴上，它的 V 面和 W 面投影 b' 和 b'' 与本身重合，H 面投影 b 则与原点 O 重合。

（3）一点与原点重合，它的三个投影均与原点 O 重合。如图 3-8（a）中的点 C 与原点 O 重合，它的三个投影 c、c' 和 c'' 均与原点 O 重合。

3.2　直线的投影

3.2.1　直线投影的基本概念

直线的投影

（1）直线的定义

从广义的角度讲，空间中直线无限延伸。两点可以确定一条直线，同时一个点和线的指定方向也可以确定一条直线。

我们通常讲的直线，实际上是截取了空间直线的一部分，称为线段。线段有一定的长度，可以用两个端点来进行标记，也可以一个字母来标记。如图 3-9 所示。空间任何一直线可由直线上的两点所确定。直线的投影，就是直线上任意两点同面投影的连线。

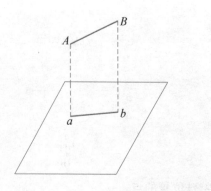
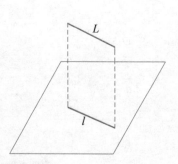

图 3-9　直线的表示方法

（2）直线的投影特性

直线的投影除了前一章的积聚性、真实性、类似性之外，还具备以下几个特性：

1）从属性

如果空间点在直线上，那么在它们的同面投影中，点也在直线上，如图 3-10（a）所示，D 点在直线 AB 上，则 D 点的投影 d 在直线 AB 的同面投影 ab 上。

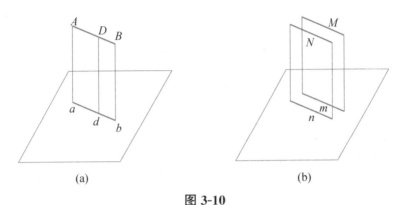

图 3-10

（a）直线的从属性和定比性；（b）直线的平行性

2）定比性

空间中的点分直线成一定比例，那么它们的同面投影的比例也是相同，如图 3-10（a）所示，即：$AD/DB = ad/db$。

3）平行性

空间中两直线相互平行，则它们的同面投影也是相互平行，如图 3-10（b）所示，空间直线 $N//M$，则 N 的投影 n 平行于 M 的同面投影 m，即 $n//m$。

3.2.2 直线的分类

（1）一般位置直线

1）空间位置

与三个投影面都倾斜的直线，称为一般位置直线。如图 3-11 所示的直线 AB。

一般位置
直线的
投影

2）投影特性

根据直线投影的类似性，直线的三个投影仍是直线，但都不反映其实长。直线的投影都倾斜于投影轴，但与轴线的夹角却不能真实反映直线与投影面的夹角。一般位置直线与投影面的倾角表达如下：

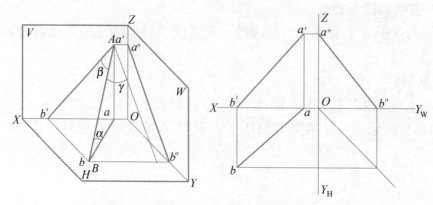

图 3-11　一般位置直线

α——直线相对于投影面 H 面的倾角；

β——直线相对于投影面 V 面的倾角；

γ——直线相对于投影面 W 面的倾角。

3）一般位置直线的投影判断

有两个及以上的投影都是倾斜的直线，一定是一般位置直线。

（2）投影面平行线

1）空间位置

投影面平行线的概念

平行于一个投影面，且倾斜于另两个投影面的直线，称为投影面平行线，具体分为（表 3-1）：

水平线——平行于 H 面，倾斜于 V 面和 W 面倾斜的直线；

正平线——平行于 V 面，倾斜于 H 面和 W 面倾斜的直线；

侧平线——平行于 W 面，倾斜于 H 面和 V 面倾斜的直线。

投影面平行线　　　　　　　　　　　　　　　　　　　表 3-1

名称	水平线(//H，∠V，∠W)	正平线(//V，∠H，∠W)	侧平线(//W，∠H，∠V)
直观图			

续表

名称	水平线(//H，∠V，∠W)	正平线(//V，∠H，∠W)	侧平线(//W，∠H，∠V)
投影图			
投影特性	①H 面投影 ab 反映实长，且反映倾角 β 和 γ； ②a'b'，a"b" 均小于实长，分别平行于 OX 轴和 OYw 轴	①V 面投影 c'd' 反映实长，且反映倾角 α 和 γ； ②cd，c"d" 均小于实长，分别平行于 OX 轴和 OZ 轴	①W 面投影 e"f" 反映实长，且反映倾角 α 和 β； ②ef，e'f' 均小于实长，分别平行于 OYH 轴和 OZ 轴

2）投影特性

平行线在直线所平行的投影面上的投影反映其实长，且其投影与投影轴的夹角反映直线与另两投影面的倾角；直线在另外两投影面上的投影不反映其实长，且平行于相应的投影轴。

3）平行线投影的判断

当直线的一个投影垂直于投影轴，另一个投影倾斜于投影轴，该直线一定是投影面的平行线，并且倾斜的投影在哪个投影面，空间直线就平行于哪个投影面。

(3) 投影面垂直线

1）空间位置

垂直于一个投影面，而必然与另两个投影面都平行的直线，称为投影面的垂直线。具体分为（表 3-2）：

投影面垂直线 表 3-2

名称	铅垂线(⊥H,//V，//W)	正平线(⊥V，//H，//W)	侧平线(⊥W，//H，//V)
直观图			

续表

名称	铅垂线（⊥H，//V，//W）	正平线（⊥V，//H，//W）	侧平线（⊥W，//H，//V）
投影图	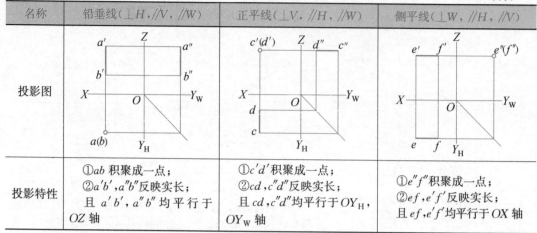		
投影特性	①ab 积聚成一点；②a′b′，a″b″反映实长；且 a′b′，a″b″均平行于 OZ 轴	①c′d′积聚成一点；②cd，c′d″反映实长；且 cd，c″d″均平行于 OY_H，OY_W 轴	①e″f″积聚成一点；②ef，e′f′反映实长；且 ef，e′f′均平行于 OX 轴

铅垂线——垂直于 H 面的直线；

正垂线——垂直于 V 面的直线；

侧垂线——垂直于 W 面的直线。

2）投影特性

垂直线在所垂直的投影面上的投影积聚为一点，在另外两个投影面上的投影，垂直于相应的投影轴，且反映直线段的实长。

3）垂直线的投影判断

当直线有一个投影积聚为点时，该直线一定是投影面的垂直线，并且积聚点在哪个投影面，直线就垂直于哪个投影面。

3.2.3　线段的实长及倾角

（1）特殊位置直线的实长

特殊位置直线的实长不用求解，因为至少都有一个投影面可以反映其实长。如水平线，在 H 面的投影就反映直线的实长，其在 W 面上的投影与轴线的夹角也真实反映空间直线与其他两个投影面的夹角。

（2）一般位置直线的实长

一般位置直线由于与三个投影面都是倾斜的，三个投影面都不反映实长，也不能反映实际的夹角，所以需要求解。现以直角三角形法为例，求解直线的实长。

1）直角三角形法原理

已知直角三角形的两个直角边的长度，画出这个直角三角形，就可以得到斜边的长度。如图 3-12 所示，已知直角边 AB、CD 的长度，就可以画出斜边的长度。

图 3-12　已知直角边求斜边

同理，如果将直线的实长作为直角三角形的斜边，只要能找到该直角三角形的两个直角边与投影的关系，就可以画出这个直角三角形，求出的斜边长度即为实长。

2）案例

如图 3-13（a）所示，以 H 面为例，空间一般线段 AB 在 H 面投影为 ab，过 A 作 ab 的平行线，与 Bb 交于点 C，由于 Bb 垂直于 ab，所以 Bb 必然也垂直于 AC，即 $\angle ACB = 90°$，也就是说 $\triangle ABC$ 是一个直角三角形。在这个直角三角形 ABC 中，直角边 AC 与 AB 在 H 面的投影 ab 长度相等，而另一直角边 BC 的长度是 A、B 两点相对于 H 面的高度差，可以用 Δz 表示，斜边 AB 正是空间线段的实际长度，而 $\angle BAC$ 便是 AB 相对于 H 面的倾角。如果在投影图中求线段 AB 的实长和倾角的话，只需作一个与 $\triangle ABC$ 全等的直角三角形就可以了。如图 3-13（a）所示，过 a' 作 OX 轴的平行线与 bb' 交于 c 点，则 $b'c' = BC$ 即为点 A 和点 B 的高度差 Δz，由于 $ab = AC$，以 ab 为一条直角边，$bB_1 = \Delta z$ 为另一条直角边，作出 $\triangle ABC$ 的全等三角形 $\triangle abB_1$，则 $\triangle abB_1$ 的斜边 aB_1 即为所以所求线段 AB 的实长，$\angle abE$ 为所求的倾角 α。这种求线段实长和倾角的方法，即为直角三角形法。

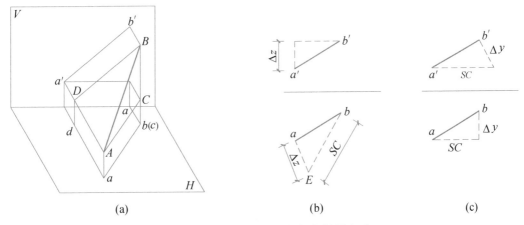

(a)　　　　　　　(b)　　　　　　　(c)

图 3-13　直角三角形法求实长及倾角

【例 3-4】 如图 3-14（a）所示，已知直线 AB 的水平投影 ab 和点 A 的正面投影 a，并知对 H 面的倾角 $a=45°$，点 B 在点 A 之上，求 AB 的正面投影 $a'b'$。

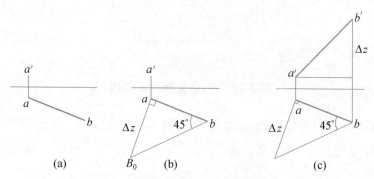

图 3-14 求 AB 的 H 面投影 $a'b'$

分析：

此题可用直角三角形法反过来求 AB 的 V 面投影。

作图：

（1）如图 3-14（b）所示，以 ab 为一直角边，作一锐角为 $45°$ 的直角三角形 B_0ba，则 $B_0a=z_B-z_A$，即为 A、B 两点到 H 面的距离之差 Δz；

（2）过 b 作 OX 轴的垂线，过 a' 作 OX 轴的平行线，两者交于 b_1'，然后从 b 沿 OX 轴的垂线向上截取 $b_1'b'=\Delta z=z_B-z_A$（因为点 B 在点 A 之上），即得 b'，如图 3-14（c）所示；

（3）连接 a'、b'，即得 AB 直线的正面投影 $a'b'$，如图 3-14（c）所示，完成。

【例 3-5】 如图 3-15（a）所示，已知直线 CD 的 V 面投影 $c'd$ 和点 C 的 H 面投影 c，并知其实长为 35mm，且点 D 在点 C 的前方，求 CD 的 H 面投影 cd。

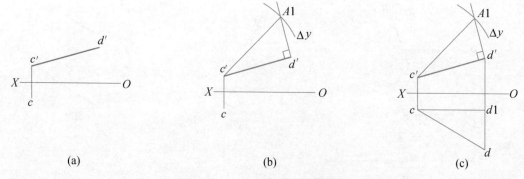

图 3-15 求 CD 的 H 面投影 cd

分析：

此题仍要根据直角三角形法反过来求 cd

作图：

（1）过 d' 作 $c'd'$ 的垂线，以 c' 为圆心，35mm 长度为半径作圆弧，与 $c'd'$ 的垂线交于点 $A1$，连接 $c'A1$，则直角三角形 $c'A1d'$ 的直角边 $A1d'$ 即为点 C 和点 D 相对于 V 面的距离之差 Δy，如图 3-15（b）所示。

（2）过 c 作 OX 轴的平行线，过 d' 作 OX 轴的垂线与 OX 轴的平行线交于点 d_1，并延长至点 d，使 $dd_1 = A_1d' = \Delta y$（点 C 在点 D 的前方），连接 cd，完成，如图 3-15（c）所示。

3.2.4　直线上的点

（1）从属性和定比性

1）从属性

空间中点在某直线，则该点的投影必定在该直线的同面投影上。如图 3-16（a）所示空间点 M 在空间直线 AB 上，显然，点 M 的三面投影 m、m'、m'' 都分别在 AB 的投影 ab、$a'b'$、$a''b''$。

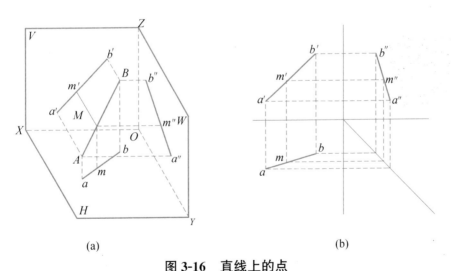

(a)　　　　　　　　　　　　　　　(b)

图 3-16　直线上的点

（a）空间位置；（b）投影图

2）定比性

空间中的点分直线成一定比例，则同一直线上两线段长度之比等于其投影长度之比。如图 3-16（b）所示，$AM/MB = am/mb = a'm'/m'b' = a''m'' = m''b''$。

（2）直线上点的判断

1）已知点在直线上，判断投影。

【例 3-6】　如图 3-17（a）所示，已知直线 AB 的两面投影，及 M 点的 V 面投影，求 M 点的 H 面投影。

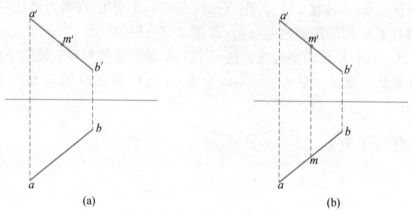

(a)　　　　　　　　　　　(b)

图 3-17　求 K 点的 H 面投影

（a）已知条件；（b）求解步骤

作图：

AB 为一般位置直线，根据点的投影规律及从属性可以求出 M 点的 H 面投影，如图 3-17（b）。

【例 3-7】　如图 3-18，已知直线 CD 的两面投影，及 K 点的 H 面投影，求 K 点的 V 面投影。

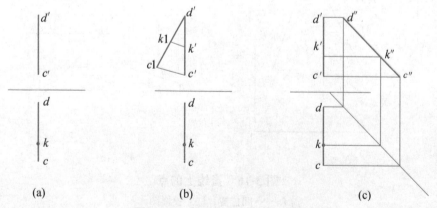

(a)　　　　　　　　　(b)　　　　　　　　　(c)

图 3-18　求 M 点的 V 面投影

（a）已知条件；（b）定比法；（c）第三面投影辅助

作图：

CD 为投影面的平行线，直接根据点的投影规律和从属性无法确定 M 点的 V 面投影。可以采用定比性或第三面投影辅助的方法来求解，如图 3-18

（b）所示。

定比法：

1）过点 d' 作辅助线 $d'c1=dc$（方向任意），在 $d'c1$ 上取一点 $k1$，使 $d'k1=dk$；

2）连接 $c1c'$，过 $k1$ 作 $c1c'$ 的平行线，与 $d'c'$ 的交点即为 k' 点。

第三面投影辅助：如图 3-18（c）所示。

1）先根据点的投影规律，求出直线 CD 的在 W 面投影 $C''D''$；

2）根据点的从属性求出 K 点的 W 面投影，再根据点的投影规律求出 K 点 V 面投影。

【例 3-8】　已知空间中 M 点分 AB 为 MA∶$MB=3$∶2，求 K 点的两面投影。作图过程如图 3-19 所示：

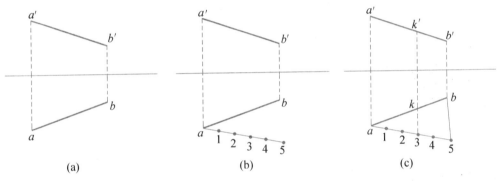

图 3-19　求 M 点的两面投影

2）已知投影，判断空间位置。

对于一般位置直线，只需点和直线的任意两面投影，就可以确定空间点是否在直线上，对于投影面平行线，还需查看其所平行的投影面上的投影才能确定点是否在直线上。例如：在图 3-20 中，直线 AB 为侧平线，虽然点 K 的投

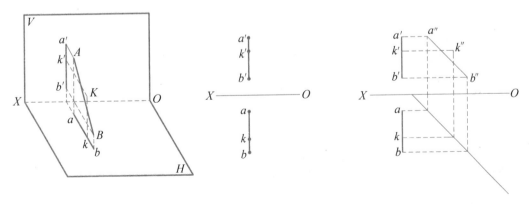

图 3-20　判断 K 点是否在直线 AB 上

影 k、k′ 均分别在直线 AB 的投影 ab、$a'b'$ 上，通过观察其侧面投影得知：点 K 并不在直线 AB 上。

3.2.5 两直线的相对位置

空间中两直线的相对位置有相交、平行和交叉三种位置关系。

(1) 两直线相交

空间两直线相交，必然会有一个交点，这个交点是属于这两条直线的共同点。该交点具备以下特性：交点本身作为一个空间点，其投影应该符合点的投影规律；根据投影的从属性原则，其投影既在第一条直线上的同面投影上，也在第二条直线的同面投影上。

如图 3-21 所示，空间直线 AB 与 CD 相交于点 K，即点 K 是 AB 和 CD 的交点，由从属性可知，k 既在 ab 上，又在 cd 上，所以 ab 和 cd 必然相交于 k；同理，$a'b'$ 与 $c'd'$ 必然交于 k'。因为 k 和 k' 分别是点 K 的 H 面投影和 V 面投影，根据点的投影规律 k 和 k' 的连线必然垂直于 OX 轴。

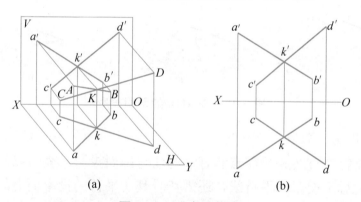

图 3-21　两直线相交

(a) 立体图；(b) 投影图

【例 3-9】　如图 3-22 所示，已知平面三角形 ABD 的 H 面投影，AB、AD 边的 V 面投影以及点 M 的 H 面投影，试作出此三角形以及点 M 的 V 面投影。

【例 3-10】　根据图 3-23 (b) 的已知条件判断两直线是否相交。

作图：

方法 1：

根据第三面投影辅助的方法可以看到，交点 K 在 W 面投影不在直线的同面投影上，可以判断出两直线不是相交，如图 3-23 (b) 所示。

方法 2：

可以根据定比性来判定，交点 K 分直线 CD 同面投影的比例不相等，也

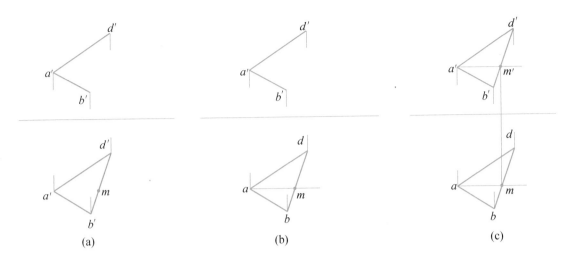

图 3-22　求三角形的 V 面投影

（a）已知条件；（b）连接 am；（c）连接 $b'd'$ 向上做 M 点投影 m''

可判定出两直线不是相交关系，如图 3-23（c）所示。

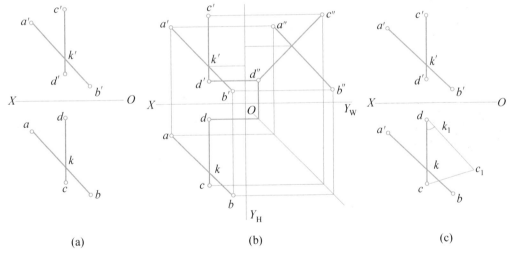

图 3-23　判断两直线是否相交

由此可见，在投影图中，若两直线为一般位置直线、各同面投影相交，且交点的连线垂直于相应的投影轴，则此两直线在空间必定相交。但是当两条直线中有一条直线是投影面的平行线时，应利用直线第三面投影辅助的方法或定比关系来判断。

(2) 两直线平行

根据直线的投影特性可知，若空间两直线互相平行，则它们的同面投影也一定相互平行，且同面投影的长度之比等于空间两线段的长度之比；反之，若两直线的各同名投影相互平行，则它们在空间一定平行，如图 3-24 所示。

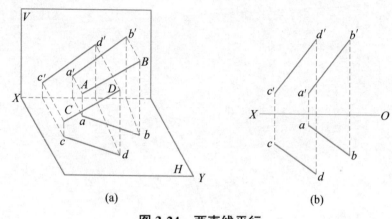

图 3-24　两直线平行

(a) 立面图；(b) 投影图

【例 3-11】　已知平行四边形 *ABCD* 的两边 *BC* 和 *AC* 的投影，如图 3-25 (a) 所示，试完成平行四边形 *ABCD* 的投影。

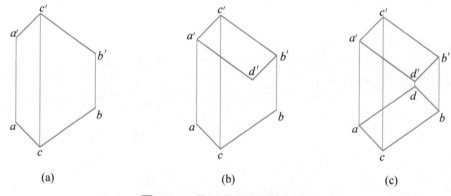

图 3-25　作平行四边形的投影

(a) 已知条件；(b) 作 *a'd'* //*c'b'* ，*a'c'* //*d'b'* ；(c) 作 *ad* //*cb*、*ac* //*db* 的 *d* 和 *d"* 应在同一竖直投影连接

【例 3-12】　根据图 3-26 (a) 的已知条件判断两直线是否平行。

当两条直线为投影面的平行线时，必须利用第三面投影辅助的方法，求出两条直线的第三面投影，才能得出正确的判断。如图 3-26 所示，虽然直线的 *H*、*V* 面的同面投影都平行，但 *W* 面投影不平行，由此可以判断两直线不是平行关系。

由此可见，在投影图中，若两直线为一般位置直线并且各同面投影平行，则该两直线在空间必定平行。但是当两直线均为投影面平行线时，应利用直线第三面投影辅助的方法来判断。

(3) 交叉两直线

空间两直线既不平行也不相交时，称为交叉两直线。交叉两直线的同名投

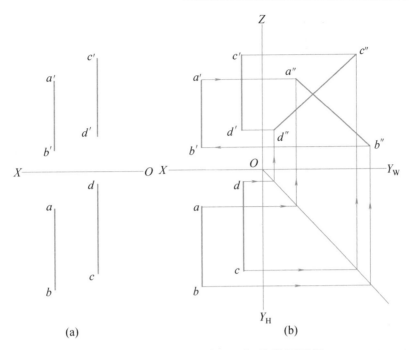

(a)　　　　　　　　(b)

图 3-26　判断两投影面平行线是否平行

影可能相交，可能平行，但至少有一个相交。我们将交叉直线的投影交点，称为疑似交点。疑似交点并不符合点的投影规律，即交点的连线或者不垂直于相应的投影轴，或者无法找到其他投影面的交点，疑似交点只不过是两直线的重影点的重合投影。

既然两交叉直线同面投影的疑似交点是两直线上两个点的投影重合在一起的，那么，就需要判断交叉线重影点的可见性问题。

从图 3-27 中可以看出 W 面投影有一个交点（重影点），从 V 面投影可看

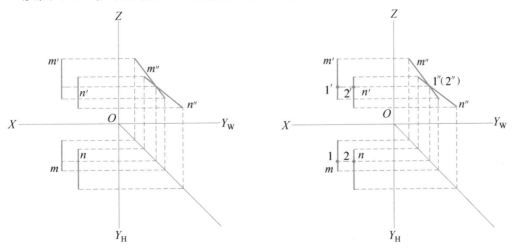

图 3-27　两直线交叉

出，点 1 在点 2 左侧，故其侧面投影 1 为可见，2 为不可见，写成 $1''(2'')$。

【例 3-13】　如图 3-28（a）所示，空间两直线 M 与 N 为交叉两直线，求其疑似交点的三面投影。

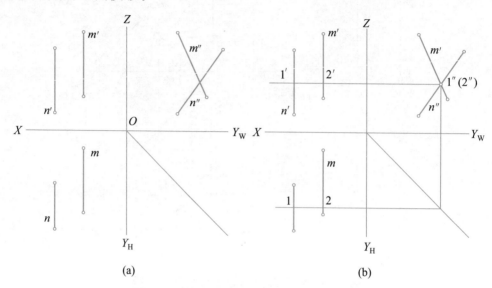

(a)　　　　　　　　　　　　(b)

图 3-28　交叉直线重影点的求解过程图

作图：

从图 3-28 中可以看出，两直线的疑似交点在 W 面，标记为 $1''$（$2''$），1 点可见，2 点不可见，所以 1 点在 2 点的左边。根据点的投影规律和从属性，可以求出重影点的其他两面投影。

3.3　平面的投影

3.3.1　平面投影的基本概念

平面的投影

（1）平面的定义

空间中平面是无限延伸的，也可以将平面定义为直线沿某个方向的运动轨迹。平面的表达方法一般有以下几种：

1）不在一条直线上的三个点，如图 3-29（a）所示；

2）一条直线和直线外的一点，如图 3-29（b）所示；

3）两条相交的直线，如图 3-29（c）所示；

4）两条平行的直线，如图 3-29（d）所示；

5）任意平面图形，如图 3-29（e）所示。

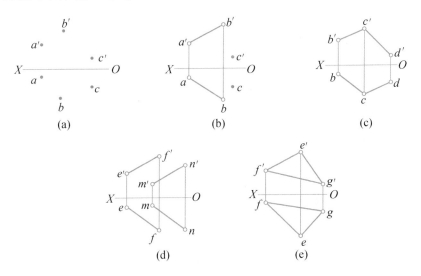

(a)　　　　　　　(b)　　　　　　　(c)

(d)　　　　　　　(e)

图 3-29　平面图形的表达方法

综上所述，作出构成图形轮廓线或点的投影，按顺序连接起来，就可以得到该图形平面的投影。

（2）平面的投影特性

1）真实性——当平面平行于投影面时，其投影为平面并反映其实际形状，如图 3-30（a）所示；

2）积聚性——当平面垂直于投影面时，其投影积聚为一条直线，如图 3-30（b）所示；

3）类似性——当平面倾斜于投影面时，其投影仍为平面，形状相似但小于原平面，如图 3-30（c）所示。

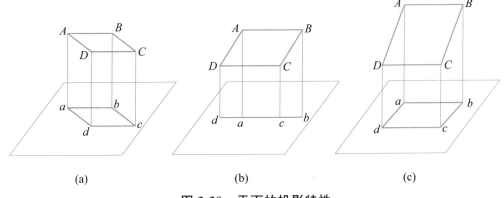

(a)　　　　　　　(b)　　　　　　　(c)

图 3-30　平面的投影特性

(a) 直线的真实性；(b) 直线的积聚性；(c) 直线的类似性

3.3.2　平面的分类

一般位置
平面的
投影

（1）一般位置平面（图 3-31）

1）空间位置

与三个投影面都倾斜的平面称为一般位置平面。

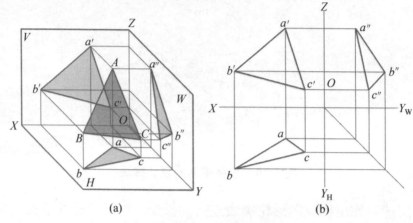

图 3-31　一般位置平面

（a）立体图；（b）投影图

2）投影特性

根据平面投影的类似性，一般位置平面在三个投影面的投影均为平面，小于空间平面且形状类似。

投影面平
行面的
概念

3）投影判断

当一个平面的三面投影均为形状类似的平面，该平面一定是一般位置平面。

（2）投影面平行面

投影面平
行面的
特征

1）空间位置

平行于一个投影面，并且必然垂直于另外两个投影面的平面称为投影面平行面。具体划分如下：

水平面——平行于 H 面的平面；

正平面——平行于 V 面的平面；

侧平面——平行于 W 面的平面。

2）投影特性

根据平面投影特性的真实性和积聚性，投影面平行面在其所平行的投影面上反映实形；在其所垂直的另外两个投影面上投影积聚为直线，且与相应的投影轴平行。见表 3-3。

投影面平行面的投影　　　　　　　　　　　　　表 3-3

名称	水平面($//H$，$\perp V$，$\perp W$)	正平面($//V$，$\perp H$，$\perp W$)	侧平面($//W$，$\perp H$，$\perp V$)
直观图			
投影图			
投影特性	①H 面投影 p 反映实形； ②p'，p'' 积聚成直线，且 p'，p'' 分别平行于 OX 轴和 OY_W 轴	①V 面投影 q' 反映实形； ②q，q'' 积聚成直线，且 q，q'' 分别平行于 OX 轴和 OZ 轴	①W 面投影 r'' 反映实形； ②r，r' 积聚成直线，且 r，r' 分别平行于 OY_H 轴和 OZ 轴

3）投影判断

一个平面的投影中有一个投影积聚为直线并且直线平行于相应的投影轴，则该平面一定是投影面平行面，并且在其三个投影中，哪个投影面的投影是平面图形，该平面就平行于哪个投影面。

投影面垂直面的投影特征

(3) 投影面垂直面

1）空间位置

垂直于一个投影面，并且平行于另外两个投影面的平面称为投影面的垂直面。具体划分为：

投影面垂直面的概念

铅垂面——垂直于 H 面，并倾斜于 V 面和 W 面的平面；

正垂面——垂直于 V 面，并倾斜于 H 面和 W 面的平面；

侧垂面——垂直于 W 面，并倾斜于 H 面和 V 面的平面。

2）投影特性

　　根据平面投影特性的积聚性和类似性，投影面垂直面在其所垂直的投影面上积聚为一条直线，在另外两个倾斜的投影面上反映的是类似性。见表 3-4。

表 3-4

投影面垂直面投影

名称	铅垂面($\perp H$, $\angle V$, $\angle W$)	正平面($\perp V$, $\angle H$, $\perp W$)	侧平面($\perp W$, $\angle H$, $\angle V$)
直观图			
投影图			
投影特性	①p 积聚成直线； ②p 反映倾角 β, γ； ③p', p'' 为类似形状	①q' 积聚成直线； ②q' 反映倾角 α, γ； ③q, q'' 为类似形状	①r'' 积聚成直线； ②r'' 反映倾角 β, α； ③r, r' 为类似形状

　　3）投影判断

　　一个平面的投影中有一个投影积聚为直线并且直线倾斜于相应的投影轴，则该平面一定是投影面垂直面，并且积聚的直线在哪个投影面，该平面就垂直于哪个投影面。

3.3.3　平面上的点和直线

(1) 平面上的点

一个点如果在平面内，则该点一定在平面内的一条直线上。

　　【例 3-14】　如图 3-32（a）所示，已知 M、N 点在平面 ABC 上，求 M 点的 V 面投影和 N 点的 W 面投影。

　　作图：

　　1）M 点在直线 AC 上，根据点的投影规律和从属性可以求出

平面上的
点与直线

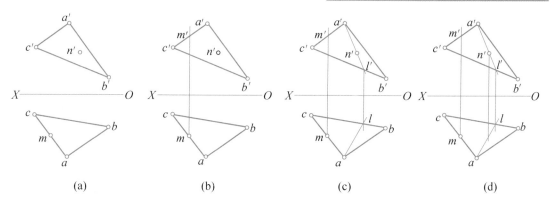

图 3-32   求 M 点的 V 面投影和 N 点的 W 面投影

其在 V 面的投影，如图 3-32（b）所示；

2）N 点在平面 ABC 内，则其一定在平面内的一条直线上，连接 a'n' 延长与 c'b' 相交于 l' 点，求出 l 点在 H 面的投影，如图 3-32（c），进而可以求出 N 点在 H 面的投影如图 3-32（d）所示。

（2）平面上的直线

如果一条直线通过平面上的两个点，则该直线在该平面上；如果直线通过平面上的一个点，且又平行于平面上的一条直线，则该直线在该平面上；

【例 3-15】   如图 3-33（a）所示，已知直线 PQ 在△ABC 上，求作直线 PQ 的 V 面投影。

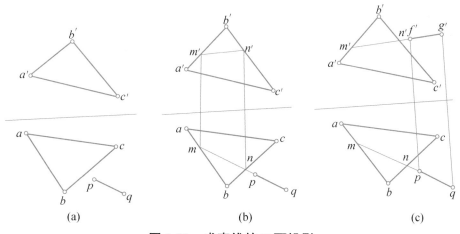

图 3-33   求直线的 V 面投影

作图：

1）已知直线 PQ 在△ABC 上，延长 pq 与△abc 交于点 m、n，进而求出 MN 的 V 面投影 m'n'，如图 3-33（b）所示。

2）延长 m'n'，利用长对正规律，求出 V 面投影 f'g'，如图 3-33（c）所示。

Chapter 04

教学单元 **4**

形体的投影

　　本单元主要介绍了基本体的分类及其投影特性、组合形体的组合方式及投影规律、形体的尺寸标注及组合形体视图的读图方法。

　　通过分析基本形体的构成，并根据正投影的特性总结出基本形体的投影规律，为进一步学习组合形体的投影打下基础。

教学要求：

能力目标	相关知识	权重
了解基本体的分类	平面体和曲面体的基本概念	10%
掌握各种基本体的特征及其投影分析	棱柱、棱锥的基本投影特性； 圆柱、圆锥及球体的基本投影特征	20%
掌握各种基本体的作图方法	绘制基本平面体及曲面体的三面投影	20%
掌握组合形体的组合方式及画法	切割式、叠加式及综合式形体的组合原理； 掌握组合体各部分间的表面连接关系及其投影特点； 绘制组合体三面投影	20%
掌握尺寸标注的基本要求和形体的尺寸标注	基本形体的尺寸标注； 组合形体的尺寸标注	10%
掌握组合形体的读图方法	形体分析法；线面分析法、画轴测图法	20%

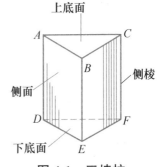

4.1 基本形体的投影

我们将按照一定规则形成的简单立体称为基本体，基本体分为平面立体和曲面立体两类。

4.1.1 平面基本体的投影

表面均为平面的基本体称为平面基本体，简称平面立体。常见的平面立体有棱柱、棱锥等。

（1）棱柱的投影

1）棱柱的构成

下面以三棱柱为例来看棱柱的构成：棱柱是指侧棱线相互平行并且垂直于其上下底面的形体。由图 4-1 可知，三棱柱的上底面、下底面均为三角形且相互平行，侧面则由三个矩形组成。底面是三角形称为三棱柱；若底面为四边形、五边形，则称为四棱柱、五棱柱。由此可见棱柱的底面为其特征面。

2）棱柱的投影规律

A. 安放位置

每个形体在进行投影时，选择的角度和方位不同，得到的投影也不同。所以基本形体在投影时，首先应选择该形体在三面投影体系中的安放位置。在选择形体的安放位置时，一是要考虑形体的稳定，二是要考虑形体的状态，要尽可能多地展示形体的实形投影。

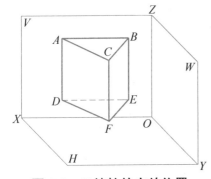

图 4-2　三棱柱的安放位置

以三棱柱为例（图 4-2），其安放位置可以选择上、下底面平行于 H 面，并使 AB 平行于 X 轴。

B. 投影分析（图 4-3）

H 面投影——上、下底面 ABC、DEF 平行于 H 面，在 H 面反映其实形，由于 AD、CF、BE 垂直于 H 面，所以上、下底面在 H 面的投影重合；另外三个侧面与 H

图 4-1　三棱柱

面垂直，在 H 面的投影积聚成三条直线，构成形体在 H 面投影，即三角形的三条边。

V 面投影——上、下底面 ABC、DEF 垂直于 V 面，在 V 面积聚为两条平行于 X 轴的直线，侧面 $ABED$ 平行于 V 面，在 V 面投影反映其实形；侧面 $ACFD$ 和 $BCFE$ 分别倾斜于 V 面，在 V 面的投影为类似形。

W 面投影——上、下底面 ABC、DEF 垂直于 W 面，在 W 面上积聚为两条平行于 Y 轴的直线；侧面 $ABED$ 垂直于 W 面，其在 W 面的投影集聚为一条直线；侧面 $ACFD$ 和 $BCFE$ 分别倾斜于 V 面，在 V 面的投影为类似形。

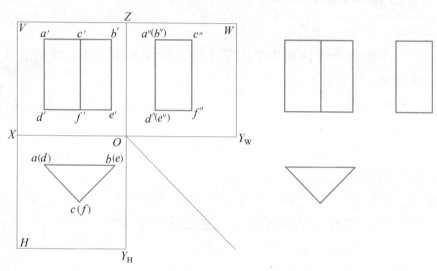

图 4-3　三棱柱的投影

C. 投影规律

由此可见，棱柱的三面投影，其中一个投影为底面的多边形，我们将这个面的投影称为棱柱的特征投影；另外两个投影均由若干个矩形组成，我们将棱柱的这种投影特性称为"矩矩成柱"。

（2）棱锥的投影

1）棱锥的形成

棱锥的投影

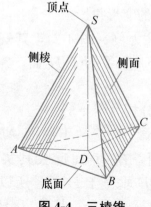

图 4-4　三棱锥

以三棱锥（图 4-4）为例分析棱锥的构成：棱锥是指侧棱线相交于一点的形体。三棱锥的底面为三角形，侧面则由三个三角形组成。底面是三角形称为三棱锥，若底面为四边形、五边形，则称为四棱锥、五棱锥。由此可见棱锥的底面为其特征面。

2）棱锥的投影规律

A. 安放位置

以五棱锥（图 4-5）为例，底面 $ABCDE$ 平行于 H 面，并且 AB 平行于 X 轴。

B. 投影分析　（图 4-6）

H 面投影——底面 $ABCDE$ 平行于 H 面，在 H 面反映其实形；另外五个三角形的侧面与 H 面倾斜，在 H 面的投影则为五个类似形。

V 面投影——底面 $ABCDE$ 垂直于 V 面，在 V 面积聚为一条平行于 X 轴的直线；另外五个三角形的侧面与 V 面倾斜，其在 V 面的投影为五个类似形；其中 V 面投影中，E、C 点在前面，A、B 点在后

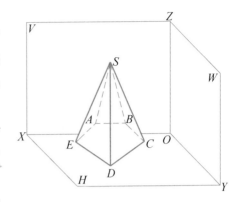

图 4-5　五棱锥的安放位置

面，A 点和 B 点被遮挡，属于不可见，所以 V 面投影中 $s'a'$ 和 $s'b'$ 为虚线。

W 面投影——底面 $ABCDE$ 垂直于 W 面，在 W 面积聚为一条平行于 Y 轴的直线；$\triangle SAB$ 与 W 面垂直，积聚为一条直线，其余四个三角形的侧面与 W 面倾斜，其在 W 面的投影为四个类似形；五棱锥左右对称，可见的左边遮挡不可见的右边，并重合在一起。

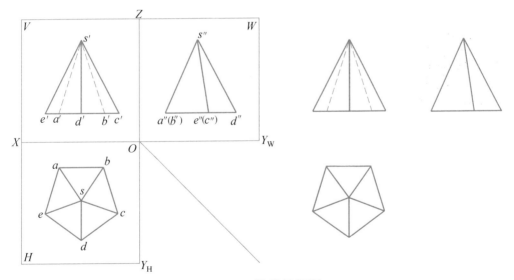

图 4-6　五棱锥的投影

C. 投影规律

由此可见，棱锥的三面投影中，一个为底面的多边形，我们将这个面的投影称为棱锥的特征投影；另外两个投影均为有若干个共同顶点的三角形组成，我们将棱锥的这种投影特性称为"三三成锥"。

4.1.2 曲面基本体的投影

表面由曲面或曲面和平面构成的基本体称为曲面基本体，简称曲面立体。常见的曲面立体有圆柱、圆锥、球体等。曲面可看做由一条母线按一定的规律运动所形成。运动的线称为母线，而曲面上任一位置的母线称为素线。母线绕轴线旋转，则形成回转面。

在平面体表面上取点和线段，实质上是在平面上取点和线段。平面体表面上的点和直线的作图方法一般有三种：从属性法、积聚性法和辅助线法。

1）从属性法和积聚性法

当点位于平面体的侧棱上或在有积聚性的表面上时，该点或线可按从属性法和积聚性法作图，如图 4-7 所示。

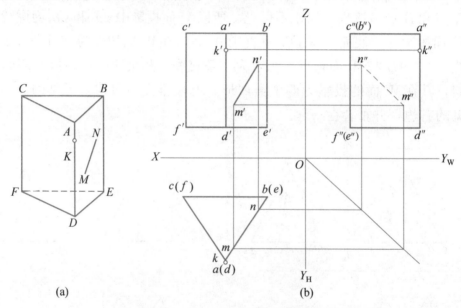

(a)　　　　　　　　　　　(b)

图 4-7　从属性法和积聚性法

（a）直观图；（b）投影图

2）辅助线法

当点或直线所在的平面体表面为一般位置的平面，无法利用从属性和积聚性作图时，可利用作辅助线的方法作图，如图 4-8 所示。

（1）圆柱的投影

1）圆柱的形成

圆柱（图 4-9）的形成从运动轨迹的角度来看，可以理解为由素线平行于轴线并绕轴线旋转一周得到，也可以理解为由无数个等

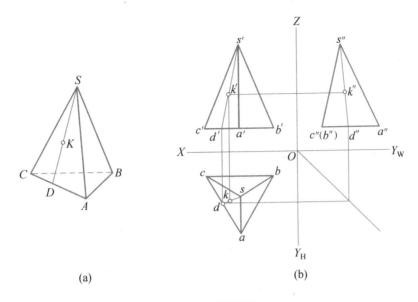

(a)　　　　　　　　(b)

图 4-8　辅助线法

(a) 直观图；(b) 投影图

直径同心圆沿轴线高度累积形成。

2) 圆柱的投影规律

A. 安放位置

选择上下底面平行于 H 面，轴线与 V、W 面平行，如图 4-10 所示。

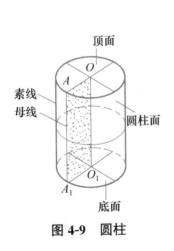

图 4-9　圆柱

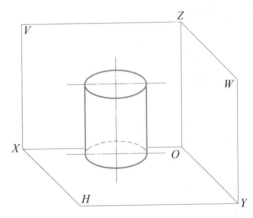

图 4-10　圆柱的安放位置

B. 投影分析　（图 4-11）

H 面投影——上、下底面圆平行于 H 面，在 H 面反映其实形，由于素线垂直于底面，所以上、下底面在 H 面的投影重合；组成圆柱面所有的素线垂直于 H 面，在 H 面的投影积聚成无数个点，这些点构成底面圆的轮廓线。

V 面投影——上、下底面圆垂直于 V 面，在 V 面积聚为两条平行于 X 轴的直线；组成圆柱面的所有素线平行于 V 面，在 V 面的投影为无数条垂直于 X 轴的直线，只需绘制出最左边和最右边两条素线的投影即可。

W 面投影——上、下底面圆垂直于 W 面，在 W 面积聚为两条平行于 Z 轴的直线；组成圆柱面的所有素线平行于 W 面，在 W 面的投影为无数条垂直于 Y 轴的直线，只需绘制出最前边和最后边两条素线的投影即可。

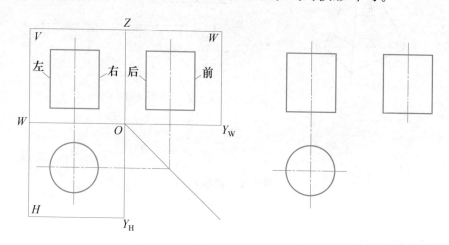

图 4-11　圆柱的投影

C. 投影规律

圆柱的三面投影中，一个为底面圆，我们将这个面的投影称为圆柱的特征投影；另外两个投影均由矩形组成，这种投影特性与棱柱的"矩矩成柱"相似。

(2) 圆锥的投影

1）圆锥的形成

圆锥的形成既可以从运动轨迹的角度来理解，即由相交于轴线的素线绕轴线旋转一周得到，也可以理解为由无数个沿线性变化的直径的同心圆沿轴线高度累积形成。如图 4-12 所示。

2）圆锥的投影规律

A. 安放位置

选择上、下底面平行于 H 面，轴线与 V、W 面平行，如图 4-13 所示。

B. 投影分析　（图 4-14）

H 面投影——底面圆平行于 H 面，在 H 面反映其实形；组成圆锥面的所有的素线倾斜于 H 面，在 H 面的投影为无数条素线的类似形，这些线在底面圆轮廓线范围内，不用绘出。

V 面投影——底面圆垂直于 V 面，在 V 面积聚为一条平行于 X 轴的直线；组成圆面的所有素线中只有最左边素线和最右边素线平行于 V 面，在 V 面的

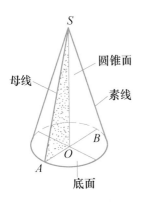

图 4-12　圆锥

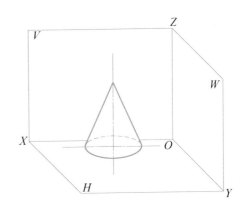

图 4-13　圆锥的安放位置

投影反映其实长，其余素线均倾斜于 V 面，在 V 面投影形成的类似直线在底面圆、最左边素线及最右边素线形成的轮廓线范围内，只需要绘制出最左边和最右边两条素线的投影即可。

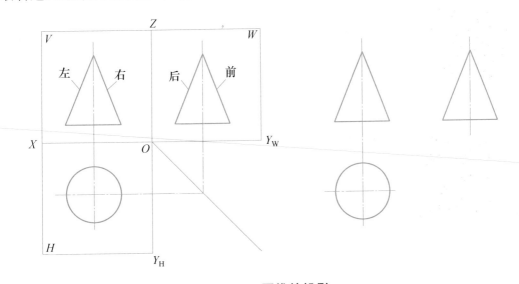

图 4-14　圆锥的投影

W 面投影——底面圆垂直于 W 面，在 W 面上积聚为一条平行于 Y 轴的直线；组成圆面所有的素线中只有最前面的素线和最后面的素线平行于 W 面，在 W 面的投影反映其实长，其余素线均倾斜于 W 面，在 W 面的投影形成的类似直线在底面圆、最前的素线及最后的素线形成的轮廓线范围内，只需要绘制出最前边的素线和最后边的素线的投影即可。

C. 投影规律

圆锥的三面投影中，一个为底面圆，我们将这个面的投影称为圆锥的特征投影；另外两个投影均由三角形组成，这种投影特性与棱锥的"三三成锥"

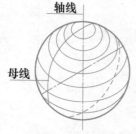

轴线

母线

图 4-15 球体

相似。

（3）球体的投影

1）球体的形成

球体（图 4-15）可以理解为圆母线绕本身的一根直径旋转而成。

2）球体的投影规律

球体无论从哪个方向进行正投影，它的投影轮廓都是一个大小相同的圆，也是球体上的最大的直径圆，如图 4-16 所示。

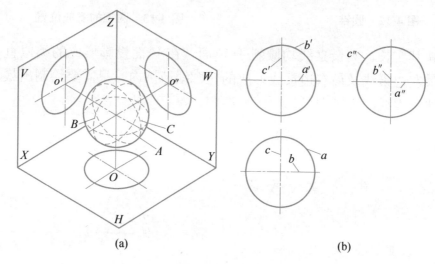

（a）

（b）

图 4-16 球体的三面投影

（a）球体的轴测图；（b）球体的三面投影图

4.2 组合形体的投影

4.2.1 组合形体的构成

（1）叠加式

叠加式是指组合形体由两个或两个以上的基本形体叠加形成。如图 4-17 所示的图形中，底板是一个长方体，其上叠加了两个形体，一个四棱柱和一个三棱柱，三个基本形体通过叠加组合成一个

新的形体。组合之后的形体符合基本形体的投影原则。如三棱柱，其 *H*、*V* 面的投影是矩形，*W* 面是其特征投影三角形。

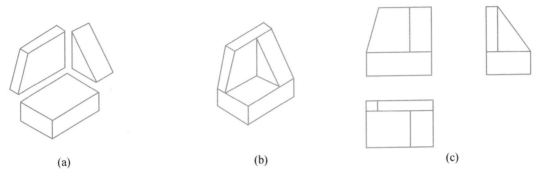

(a)	(b)	(c)

图 4-17　叠加式组合体

（2）切割式

切割式是指在基本体上切去一部分或几部分后形成的组合体，即基本体被平面截切或开洞、挖槽等。如图 4-18 所示的组合体，是由一个长方体切割去了形体Ⅰ和形体Ⅱ后形成的。

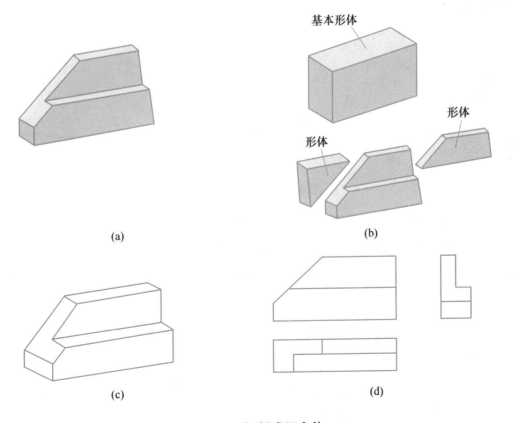

图 4-18　切割式组合体

(3) 综合式

综合式是指形体在组合体的形成过程中既运用了叠加又运用切割的方法。如图 4-19 所示的组合形体，可以看作由三个棱柱叠加而成的下半部分，再由一个大的四棱柱切割去一个三棱柱形成的下半部分叠合而成。

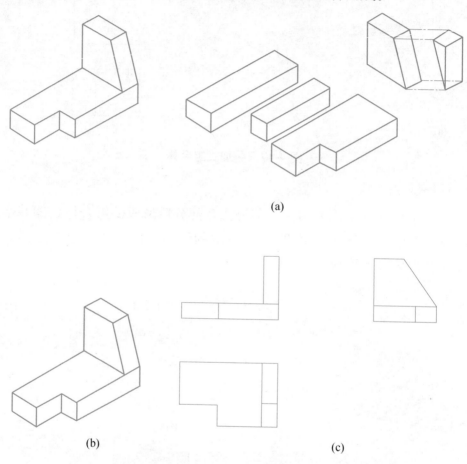

(a)

(b)　　　　　　　　　　　　　　　　(c)

图 4-19　综合式组合体

组合形体的组合形式并不唯一，如图 4-19 所示的下边的组合形体也可看作是由一个大的四棱柱切割切除了一个小的四棱柱而成。将组合形体视作为由若干个基本体叠加或者切割去若干个基本体，仅是一种假设，是为了方便理解图形而采用的一种分析手段。

4. 2. 2　组合形体表面的连接关系

组合体表面的连接关系

当基本形体以叠加的形式组合在一起的时候，就存在形体表面相切或平齐的现象。具体表达如下：

（1）不平齐的两表面结合处应画线隔开，如图 4-20 所示。

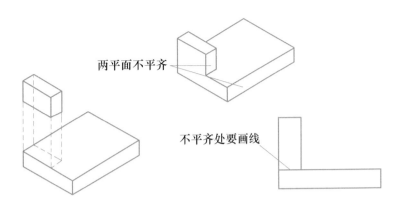

图 4-20　表面不平齐

（2）平齐的两表面结合处不画线，如图 4-21 所示。

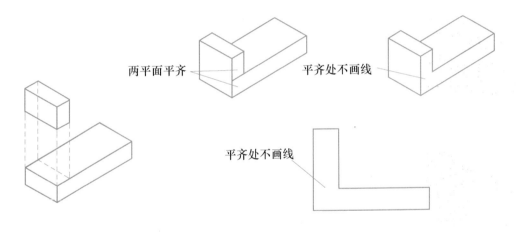

图 4-21　表面平齐

（3）两基本形体的表面相交，则应画出交线的投影，如图 4-22 所示。

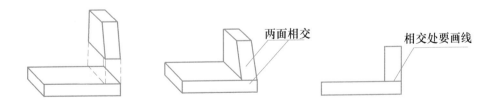

图 4-22　表面相交

（4）两基本形体的表面相切，不应画线（相切处是光滑过渡，无分界线），如图 4-23 所示。

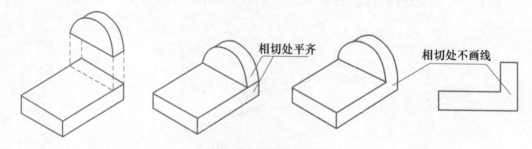

图 4-23　表面相切

4.2.3　组合形体视图的画法

组合形体在绘制时，通常先对形体进行组成分析，再根据分析结果从其基本体作图出发，逐步完成组合形体的投影。

下面我们以图 4-24（a）所示的组合形体，来学习其画法。

组合形体三面正投影

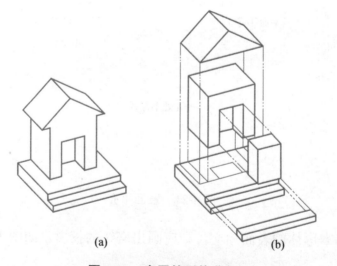

图 4-24　房屋的形体分析

（a）组合形体；（b）组合形体的拆分

（1）形体分析

如图 4-24（b）所示，该形体是一个简化的建筑模型，由三部分组成：底座部分为高度较小的四棱柱切割掉一个小四棱柱，中间部分为大四棱柱切割掉一个小四棱柱，上面部分为一个三棱柱。

（2）摆放位置及投影方向

该形体的摆放位置如图 4-25 所示，这样产生的正投影既能反映建筑高低情况，也可以反映出上部三角形的特征，产生的投影反映的特征最多。

（3）绘制投影图

按形体分析的顺序画图。

1）先画形体的底部，从 H 面开始，再根据形体投影的基本原则"长对正、高平齐、宽相等"绘制 V、W 面投影；如图 4-26（a）所示；

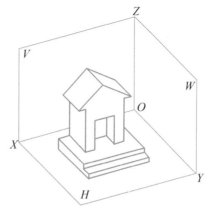

图 4-25　组合形体的摆放位置

2）然后画中间部分的形体，由于小四棱柱是被切割出来的，所以其 H、W 面投影为虚线；如图 4-26（b）所示；

3）最后绘制上面的三棱柱，其特征投影面在 V 面上；由于三棱柱遮挡住了下面的四棱柱，所以四棱柱在 H 面的投影为虚线；如图 4-26（c）所示。

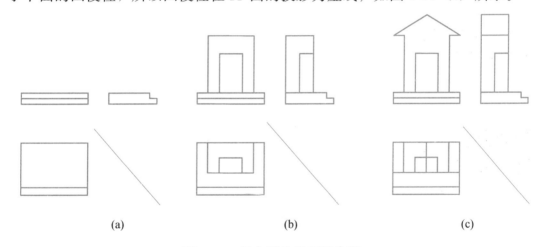

(a)　(b)　(c)

图 4-26　组合形体的画图步骤

（a）画底板投影；（b）画立墙投影；（c）画顶部投影

4.2.4　形体的尺寸标注

形体只能表达形状，没有尺寸的投影图不能用作施工生产和制作。只有标注了尺寸，才能明确形体的大小。

（1）基本形体的尺寸标注

基本体尺寸标注一般只注出长、宽、高三个方向的定形尺寸，如图 4-27 及图 4-28 所示，尺寸应注写在反映形体实形的平面图上，高度尺寸应注写在反映高度方向尺寸的立面图上。其中正方形的尺寸数字前加注"□"符号，另外加"（　）"的尺寸称为参考尺寸。

圆柱和圆锥应注写底圆直径与高度方向的尺寸，圆台还应加注顶圆的直径。注写圆的直径时，应在直径数字前加符号ϕ，注写半径时，应在半径数字前加注R；大于半径的圆弧注写直径数字。不管注写的是直径还是半径，尺寸线必须通过圆心，当直径或半径较小时，箭头可画在圆或圆弧的外侧并指向圆心。

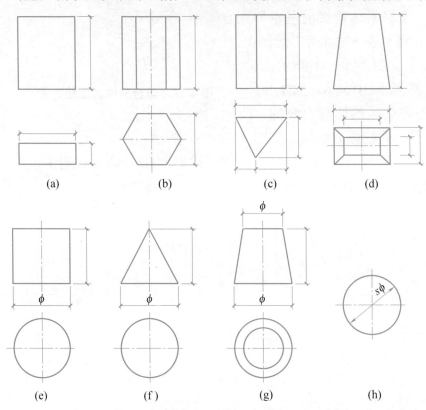

图 4-27　常见基本形体的尺寸标注示例

（a）四棱柱；（b）正六棱柱；（c）三棱柱；（d）四棱台；（e）圆柱；（f）圆锥；（g）圆台；（h）球

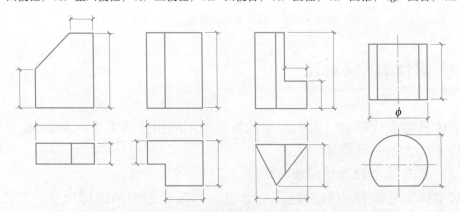

图 4-28　基本几何体被平面截断后的尺寸标注示例

（2）组合形体的尺寸标注

标注组合体尺寸的基本要求是：正确、完整、清晰。

1）尺寸标注要正确，即符合国家标准对尺寸标注的基本要求。

2）尺寸标注要完整。

A. 组合形体的尺寸由定形尺寸、定位尺寸和总尺寸组成。定形尺寸用来确定组合形体本身的大小，分为长、宽、高三项；定位尺寸用来确定基本形体之间相互位置；总尺寸用来确定组合形体的总长、总宽和总高。

B. 定位尺寸需要选定尺寸基准。尺寸基准是指标注尺寸的起点。通常选择组合体中某主要基本体的底面、端面、对称面及回转体的轴线等作为尺寸基准。组合体的长、宽、高三个方向上都应有尺寸基准。

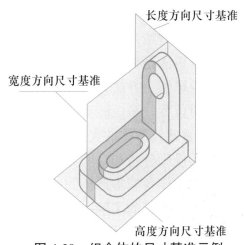

图 4-29　组合体的尺寸基准示例

如图 4-29 所示的组合形体，是用竖板的右端面作为长度方向尺寸基准，用前、后对称平面作宽度方向尺寸基准，用底板的底面作为高度方向的尺寸基准。

3）尺寸标注要清晰。

为使图形清晰，应尽量把尺寸标注在视图外面，两个视图的尺寸最好标注在两个视图之间。同一个基本体的尺寸尽量集中标注在反映该形体特征的视图上，并应尽量避免在虚线上标注尺寸。同一方向的尺寸，在标注时应排列整齐，尽量配置在少数几条线上。

4.3　组合形体的阅读

4.3.1　读图基础

根据组合形体投影图识读其形状，必须掌握下面的基本知识。

（1）三面投影图的投影关系，即"长对正、高平齐、宽相等"。

（2）在三面投影图中各基本体的相对位置，即上下关系、左右关系和前后关系。

（3）基本形体的投影特点，包括棱柱、棱锥、圆柱、圆锥和球体。

（4）点、线、面在三面投影体系中的投影规律。

（5）组合体投影图的画法。

4.3.2　读图方法

组合形体读图的基础方法主要有形体分析法、线面分析法及画轴测图法三种。

（1）形体分析法

形体分析法是根据基本体投影图的特点，将建筑形体投影图分解成若干个基本体的投影图。方法为：分析各基本体的形状，根据三面投影规律了解各基本体的相对位置，最后综合起来想出形体的整体形状。

1）了解建筑形体的大致形状。以主视图为主，分析视图，配合其他视图，进行初步的投影分析和空间分析。同时要抓住特征投影图，找出反映物体形状特征和组成物体各基本形体间相对位置的特征。简而言之，抓住特征部分，对物体的形状有大概的了解。

2）分解投影图。根据基本形体投影图的特点，将三面投影图中的其中一个投影图进行分解，应首先选择分解后的投影图能具体反映基本形体形状。

3）分析各基本形体。利用"长对正、高平齐、宽相等"的三面投影规律，分析分解后的各投影图的具体形状。

4）想整体。利用三面投影图中的上下、左右、前后关系，分析各基本体的相对位置。

如图 4-30 所示，特征比较明显的是 V 面投影，结合 W、H 面投影进行分解，可分为 3 个形体。依照投影的对应关系，可判别Ⅰ、Ⅱ部分为四棱柱，Ⅲ部分为 U 形柱。Ⅱ、Ⅲ相贴，开了一个小圆孔立在Ⅰ的中间，Ⅱ和Ⅰ后面平齐，并且靠后面开了一个方槽，形体左右对称，综合起来就可以想象出该组合

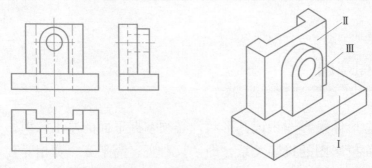

图 4-30　形体分析法

体的空间形状。

（2）线面分析法

线面分析法主要用于以叠加方式形成的组合体，或挖切比较明显的组合体。对于一些挖切后的形体不完整、形体特征不明显，但形成了一些挖切面与挖切面的交线，难以用形体分析法读图时，就需要对其局部作进一步细化分析。具体如下：对某条线或某个线框进行逐个分析，进而想象出其局部的空间形状，直到最后联想出组合体整体形状，这种方法称为线面分析法。

1）投影图中直线的意义

投影图中的一条直线，一般有 3 种意义，具体如下：

A. 表示形体上一条棱线的投影，如图 4-31 所示，直线 AB 是五棱柱的一根棱线，其 V 面的投影为 $a'b'$。

B. 表示形体上一个面的积聚投影，如图 4-31 所示，面投影 1 是平面五边形的投影。

C. 表示曲面立体上一条轮廓素线的投影，如图 4-31 所示，轮廓线 cd 是底座的最右边轮廓线。

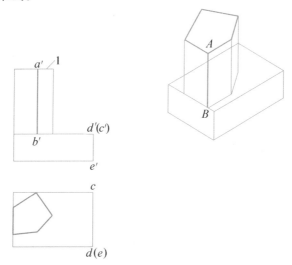

图 4-31　投影图中线和线框的意义

2）投影图中线框的意义

投影图中的一个线框，一般也有 3 种意义，具体如下：

A. 表示物体一个表面（平面、曲面或复合面）的投影，图 4-32 中 $1'$ 代表的线框表示底座圆柱的表面。

B. 相邻的两个线框，表示物体上位置不同的两个面的投影，图 4-32 中 $1'$ 和 $2'$ 代表的线框表示了两个不同位置圆柱表面的投影。

C. 一个大线框内包含的各个小线框，表示在大的平面（或曲面）体上凸出或凹下的各个小平面（或曲面）体的投影，图 4-32 中 3 和 4 代表的线框表示圆柱中切割掉一个长方体。

3）线面分析法实例

利用线面分析法分析图 4-33 的具体形状。

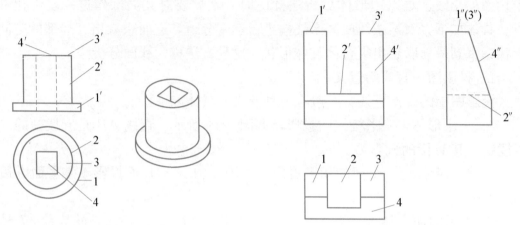

图 4-32　投影图中线和线框的意义　　　　图 4-33　线面分析法实例

分析如下：

A. 线的分析：根据"长对正、高平齐、宽相等"，找到直线 1 对应在 W 面投影为 $1''$，也是一条直线，而在 H 面投影则是一个线框 1，如图 4-34（a）中的加粗部分。综合 3 个面投影，很容易可以分析出直线 $1'$ 是表示一个偏左靠上的水平面。与之类似，$3'$ 也是表示一个水平面，位置偏右靠上。而直线 $2'$，其在 W 面对应的投影是虚线，在 H 面对应的投影是中间的线框，分析可知 $2'$ 也是一个水平面，位置居中。

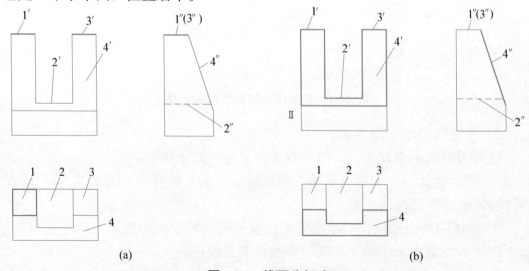

(a)　　　　　　　　　　　　　　　　(b)

图 4-34　线面分析法

B. 线框的分析：线框 4，根据"高平齐"，得到与之相对应的 W 面投影为直线 4″，再根据"长对正、高平齐、宽相等"，得到与之相对应的 H 面投影是线框 4，如图 4-34（b）所示的加粗部分。综合 3 个面投影，可以分析出其为形状为"凹"的侧垂面。其余部分可再依次对相应的直线和线框进行分析，最终综合得到图 4-35 所示的形体。

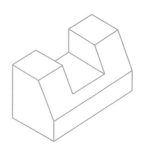

图 4-35 最终形体

特别提示：

1）形体分析法是从整体上把握组合体，线面分析法是一种基本的、针对细节的分析方法，一般用来针对较难的局部进行分析，两种方法宜配合使用。

2）读图应以形体分析法为主，线面分析法则用来分析投影图中难以看懂的图线或线框。

（3）画轴测图法

画轴测图法是指利用画出的正投影图的轴测图，来想象和确定组合体空间形状的方法。实践证明：此法是初学者容易掌握的辅助识图方法，同时也是一种常用的图示形式。在进行读图时需要注意以下两点：

1）要联系各个投影进行想象，不能只凭一、两个视图臆断组合体的确切形状。图 4-36（a）中正立面投影图、水平面投影图完全相同（侧面投影图不同），图 4-36（b）中正立面投影图、侧立面投影图完全相同（水平面投影图不同），如只看到两个投影就做出判断，必然出错。所以必须将正立面投影图、水平面投影图和侧面投影图联系起来才能得到正确的答案。

2）注意找出特征投影。所谓特征投影，就是把物体的形状特征及其相对位置反映的最充分的那个视图。在三个视图中，总有一个视图能比较充分地反映组合体的形状特征，找到这个视图，再配合其他视图，就能比较快而准确地辨认形体，如图 4-37 所示。

但是，由于组合体的组成方式不同，物体的形状特征及其相对位置并非总是集中在某个视图上，有时组合体中不同组成部件的形状特征可能会分散在各个视图上，这时就要根据各个组成部件分别分析、灵活运用。

4.3.3 识读正投影图的步骤

识读正投影图一般以形体分析法为主，线面分析法为辅，这两种方法在读图过程中不能截然分开，需根据不同的组合体灵活运用。一般来说，叠加式组合体较多采用形体分析法，切割式组合体较多采用线面分析法。通常情况下先

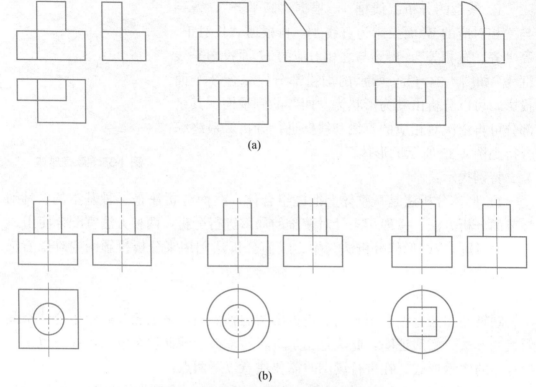

(a)

(b)

图 4-36　将已知投影图联系起来看

（a）水平投影和正面投影相同的形体；（b）正面投影和侧面投影相同的形体

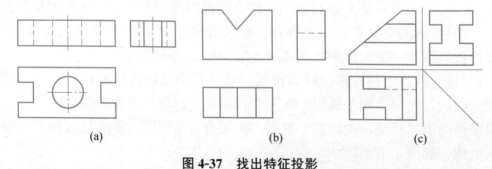

(a) (b) (c)

图 4-37　找出特征投影

（a）H 面；（b）V 面；（c）W 面

用形体分析法获得组合体粗略的形状，对于图中个别较复杂的局部，再辅以线面分析法进行较详细的分析，有时还可以利用所注尺寸帮助分析。一般的读图步骤如下：

（1）认识投影，抓特征。首先要搞清楚各投影的对应关系，这是看图的基本前提。"抓特征"即抓特征投影。从反映特征最多的投影入手，能最快速地了解物体的组成和大致形状。

（2）分析形体投影。找到特征投影后，然后进行形体分析，注意关注组合体中可以拆分成哪些组成部分，各个组成部分之间的表面连接如何，最后结合"长对正、高平齐、宽相等"，进行分析和检查。

（3）综合起来想整体，将上述步骤的结果进行整合，如果形体较简单，或以叠加为主，基本上就可以得到最终形体。如果较复杂，较难理解，就需要加入线面分析法进行分析。

（4）线面分析攻难点。采用线面分析法对组合体中难以理解的直线和线框进行分析。对于线的分析，依次按照棱线、平面的积聚投影、曲面立体的转向轮廓线 3 个方面进行分析。对于线框的分析则按照平面投影、曲面投影、孔洞、槽或凸出体等依次进行分析。分析所有局部难点后再合成想象出整体。

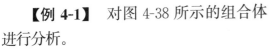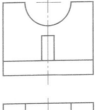

简单几何体正投影图的绘制

【例 4-1】　对图 4-38 所示的组合体进行分析。

图 4-38　组合体投影图（一）

分析过程：

1）认识投影图特征

图 4-38 中 W 面投影有斜直线，所以估计形体有斜平面，在 H、V 面的长方形能够与之对应，所以应为三棱柱的投影；在 V 面有未封口的半圆，则估计有切割半圆柱，而 W 面上反映的虚线，与半圆柱能够对应所以应为半圆柱的投影。

2）分析形体对投影

再进一步分析，W 面上的 L 形投影对应 H、V 均为带有一条直线的矩形线框，所以应为两个矩形叠加在一起，并且边缘齐平。

3）综合起来想象出整体

由以上分析，可以得出该形体是由底面长方体、上方后侧为切割掉半圆柱的长方体，前侧为三棱柱叠加而成，如图 4-39 所示。

【例 4-2】　分析图 4-40 所示的组合体。

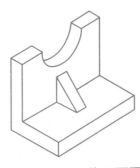

图 4-39　组合体立面图

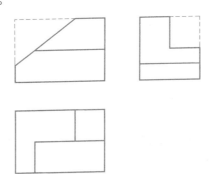

图 4-40　组合体投影图（二）

分析过程：

1）认识投影抓特征

从三面投影来看，H 面有斜线，所以推测有斜平面，除此之外，其他特征投影并不明显，由于投影图中矩形较多，可以大胆推测其是由长方体挖切而成。

2）形体分析对投影

由于外轮廓线框（除斜平面处）都是平整的线框，没有凸出的部分，内部也有一些不同形状的线框，由这些特征判断：这是一个挖切式组合体，即是由一个长方体进行若干次挖切而成。

3）线面分析攻难点

分析整个投影图时线条较多，对应关系比较复杂，而分析线框则线条比较少，对应关系比较明确，因此不妨从线框入手。其实从侧面的投影中有一斜线分析入手最佳，但实际解题中未必一下子就能抓到要点，所以就需要按一般思路进行分析，进而抓到要点，最后突破整体。

首先分析水平面投影的线框，共有 2 个线框（加阴影部分）的投影，如图 4-41 所示。通过"长对正、高平齐、宽相等"对应关系的分析，得到与图 4-41 所示的加粗部分相对应。根据投影规律分析，这是两个水平面。

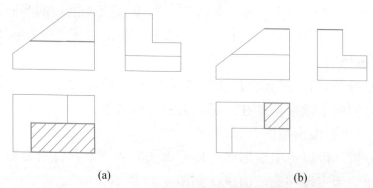

(a)   (b)

图 4-41　组合体中的正面投影中第一个线框的分析

然后再分析侧立面投影的线框（加阴影部分），如图 4-42 所示。同样，通过"长对正、高平齐、宽相等"对应关系的分析，得到与图 4-42 所示的加粗部分相对应。根据投影规律分析，这是一个侧立面。

通过对这 3 个线框的分析，在长方体内可以想象出这 3 个面的位置，如图 4-43 所示。

由此再来进一步分析第一和第二个线框，它们作为组合体的表面，由于在正面投影中和侧立面投影图中均为实线，所以可以判定它们的左方和前方是空的，而右方和下方是实的，由此判断长方体被第一个和第二个线框所在的平面作了挖切，平面的左方和前方被切去了。

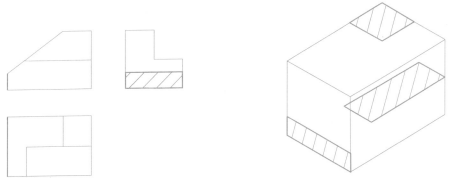

图 4-42　组合体中的正面投影中第二个线框的分析　图 4-43　3 个平面在长方体中的位置

4）综合起来想整体

对于长方体右侧，可以结合对水平投影图中右边的线框的分析，得到如图 4-44 所示的分析结果。

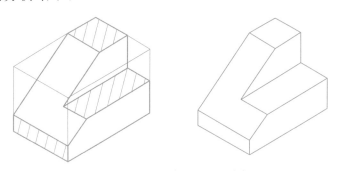

图 4-44　组合体的局部分析

轴测投影及剖断面

教学要求：

能力目标	知识要点	权重
了解轴测图的形成过程； 掌握轴测图投影的基本特性； 掌握轴测图的基本参数及分类	轴测投影的形成； 轴测图投影的投影特性； 轴间角和轴向变形系数的基本概念； 正轴测图和斜轴测图的分类	15%
掌握各类轴测图的形成过程、轴间角及轴向伸缩系数	正轴测的形成、轴间角及轴向伸缩系数； 斜轴测的形成、轴间角及轴向伸缩系数	10%
掌握各种形体轴测图的绘制方法及注意事项	平面体轴测图的绘制； 曲面体轴测图的绘制	35%
理解剖面图的概念、形成原理及分类； 掌握剖切符号的绘制； 掌握各类剖面图的画法和标注	剖面图的概念； 剖面图的形成原理； 剖面图的分类； 剖面图的画法	20%
理解断面图的概念、形成原理及分类； 掌握断面图剖切符号的绘制； 掌握各类断面图的画法和标注； 掌握剖面图和断面图的区别	断面图的概念； 断面图的形成原理； 断面图的分类； 断面图的画法； 剖面图和断面图的区别	20%

章节概述：

5.1 轴测投影

前面介绍的三面正投影图能够准确地表达形体的形状和大小，而且作图简单，度量性好，但是图形的立体感差，想要全面理解整体形状，需要几个识图结合起来分析，识图较差。为了更好得到立体感较强的投影图来辅助读图和表达，我们会采用轴测投影。

5.1.1 轴测投影的投影特性与分类

（1）轴测投影的形成

轴测投影是将形体以及确定形体空间位置的直角坐标轴一起向某个投影面进行平行投影得到的能够反映形体三个侧面的立体图形，也成为轴测图。形成轴测投影的投影面称为轴测投影面，可用 P 来表示；如图 5-1 所示，图中的 O_1X_1、O_1Y_1、O_1Z_1 是空间直角坐标系中的 OX、OY、OZ 的轴测投影，称为轴测轴。在 P 面上，相邻轴测轴之间的夹角称为轴间角，轴间角之和为 $360°$。

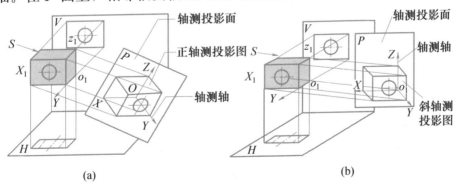

(a) (b)

图 5-1 轴测投影的形成

（a）正轴测图的形成（$S \perp P$）；（b）斜轴测图的形成（S 倾斜于 P）

由于空间形体的直角坐标轴与轴测投影面都是倾斜的，所以其投影都比原来的要短，我们将他们投影的长度和原来的长度之比，称为轴向伸缩系数。X、Y、Z 轴的轴向伸缩系数分别用 p、q、r 来表示。

（2）轴测投影的特性

轴测投影是平行投影的一种，所以平行投影的特性也适用于轴测投影。一般轴测投影具备以下特性：

1）直线的轴测投影仍是直线；

2）空间中一组平行的直线段，其轴测投影仍是平行的，所以当一条直线平行于轴线时，其轴测投影仍平行于相应的轴测轴；

3）只有与轴线平行的线段，才与轴测轴发生同样的变形，其长度才可以按照轴向伸缩系数来确定和度量。

（3）轴测投影的分类

按照投影方向与轴测投影面的相对位置，轴测投影可分为正轴测和斜轴测两种投影。

1）正轴测投影　轴测投影方向垂直于轴测投影面的轴测图称为正轴测投影。

2）斜轴测投影　形体的一个面与轴测投影面平行，在这个轴测投影面上反映实形。

（4）常见的几种轴测图。

1）正（斜）等轴测图。

2）正（斜）二等轴测图。

3）正（斜）三轴测图。

其中常用的轴测投影为正等测图、斜二测图及斜等测图。

5.1.2　轴测投影的绘制方法

基本形体正等测的绘制

（1）轴测投影的作图步骤

1）确定所要绘制的轴测投影类型，以坐标法为基础，根据轴间角，作出轴测投影的坐标系（细实线画出）；

2）在视图上建立坐标系，确定两面或三面投影 O 点所在的位置；

3）一些简单形体，如果能直接判断其特征投影面，可以先画其特征投影面的投影，再根据其投影判断形体类型，画出剩余部分投影（细实线画出）；

4）对于组合形体，则需先判断出是切割型还是叠加型，切割型需要判断出其基础形体的及切割位置，叠加型在判断出组合基本形体后按原则进行叠加；若组合形体为混合型，根据实际情况判断出形体的组成再进行绘图（细实线画出）。

5）擦去多余和被遮挡的图线，检查加深，完成作图（粗实线画出）值得注意的是，在前面的三面投影中，我们规定被遮挡的图线画虚线；在轴测线图，被遮挡的线应该擦去不画。

（2）平面体轴测投影的绘制

1）如图 5-2 所示，已知台阶的两面正投影，绘制其正等测及斜二测。

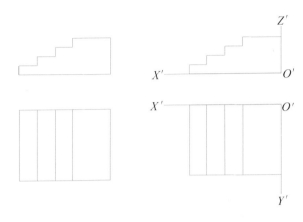

图 5-2　平面体轴测投影的绘制

分析过程：

A. 建立正等测和斜二测的轴测坐标系；

B. 在视图上建立坐标系，确定其 H 面投影上的一个顶点为 O 点，这样就可以确定出轴线；

C. 根据形体的投影可以判断出 V 面为其特征投影面，并且形体为柱体；

D. 根据 1：1 的比例绘制 V 面的轴测投影，然后根据沿 Y 轴绘制平行线（正等测为 1：1，斜二测为 1：0.5），连接平行线的端点即得到台阶的轴测图；

E. 擦去多余和被遮挡的图线，检查加深，完成作图。

正等测的绘制过程如图 5-3 所示。

斜二测的绘制过程如图 5-4 所示。

可见，轴测投影的绘制过程是一样的，不同的只是轴间角和轴向伸缩系数，如图 5-3 及图 5-4 所示。

2）如图 5-5 所示，已知形体的两面投影，绘制其二等正轴测（图 5-9）。

分析过程：

A. 建立二等正轴测的轴测坐标体系，确定两面投影上的原点及轴线；

B. 该形体为组合形体，底座是特征投影面为 L 形的柱体，上面被切割了一个小三棱柱的四棱柱，最后叠加形成形体；

C. 根据具有特征投影面的形体的绘制方法绘制底座，接下来绘制上面叠

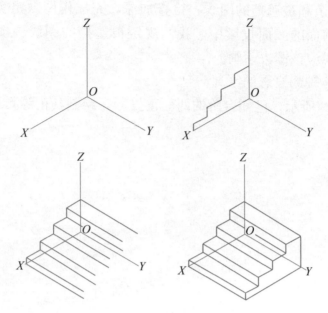

图 5-3　作台阶的正等轴测图

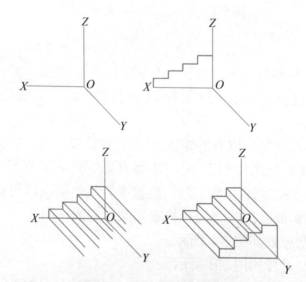

图 5-4　台阶的斜二测画法

加的大四棱柱,最后进行切割;

D. 擦去多余和被遮挡的图线,检查加深,完成作图。

3) 如图 5-7 (a) 所示,已知形体的两面正投影,绘制其正等测图,如图 5-7 (b)～图 5-7 (f) 所示。

分析过程:

该图为梁板柱的节点,为了表示清楚节点下方的构造,投射方向采用仰

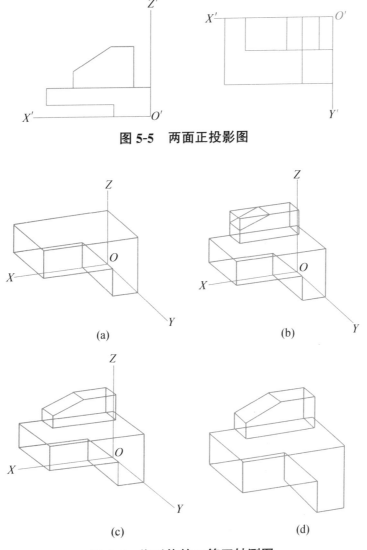

图 5-5　两面正投影图

图 5-6　作形体的二等正轴测图

视，在建立正等测轴测投影时，Z 轴垂直向下。由于该节点是由几个棱柱构成的，确定坐标原点时，可以将原点放下底板下方的对称中心。

其余步骤与之前相同。

4）如图 5-8（a）所示，已知建筑物的两面投影图，试画其水平斜轴测。

组合形体
正等测的
绘制

作图，如图 5-8（b）～图 5-8（d）所示：

① 把坐标差面 XOY 选在地面上，坐标原点 O 选在左前角上。

② 画出轴侧轴，O_1Z_1 为竖直方向，将 O_1X_1、O_1Y_1 与水平方向成 $45°$角。

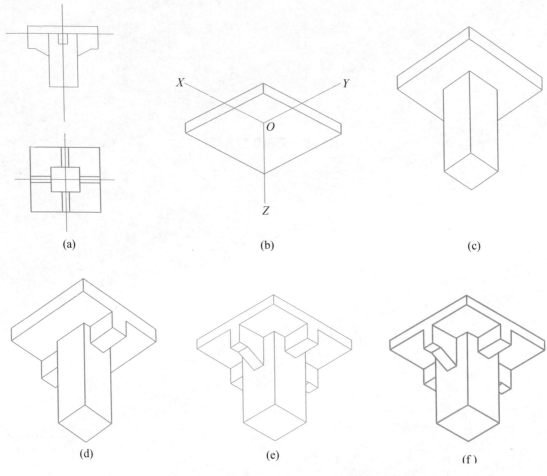

图 5-7　局部节点的正等轴测图

③ 根据水平投影画出各个建筑物底面的轴测图，与水平投影的形状、大小、位置相同。

④ 过各角点向上引直线，只可见的线，并量取各自高度的 0.6 倍，画出各建筑物顶面的轮廓线。

⑤ 擦去多余线条和标记，描深、完成作图。

(3) 曲面体轴测投影的绘制

曲面体表面除了直线轮廓线外，还有曲线轮廓线，工程中用得最多的曲线轮廓线就是圆或圆弧。要画曲面体的轴测图必须先掌握圆和圆弧的轴测图画法。

1）圆的正等轴测图

绘图时，一般使圆所处的平面平行于坐标面，从而可以得到其正等轴测投影为椭圆。作图时，一般以圆的外切正方形为辅助线，先画出其轴测投影，再

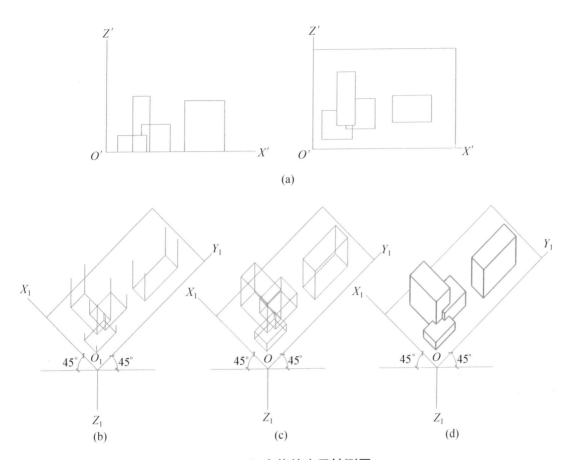

图 5-8 组合体的水平轴测图

用四心法近似画出椭圆。现以水平圆为例，介绍其正等轴测图的画法，过程如下：

A. 在已知正投影上，选定坐标原点各坐标轴，作出圆的外切正方形，定出外切正方形与圆的四个切点（图 5-9a）。

B. 先画出圆的外切正四边形的正等测为一菱形，同时作出（图 5-9b）。

C. 菱形的两个钝角的顶点为 o_1 及 o_2，连 O_1b_1 和 o_1c_1，分别交菱形的长对角线于 O_3 及 O_4，得四个圆心 O_1、O_2、O_3、O_4（图 5-9c）。

D. 以 o_1b_1 为半径，分别以 O_1 和 O_2 为圆心，作上下两段弧线，再以 O_3b_1 为半径，分别以 O_3 和 O_4 为圆心，作左右两段圆弧，即得圆的正等轴测图——椭圆（图 5-9d、图 5-9e）。

同理，可作出正平圆和侧平圆的正等轴测图，三个坐标面上相同直径圆的正等轴测图如图 5-10 所示，均为形状相同的椭圆。

2）如图 5-11（a）所示，已知圆台的两面正投影图，作正等投影图。

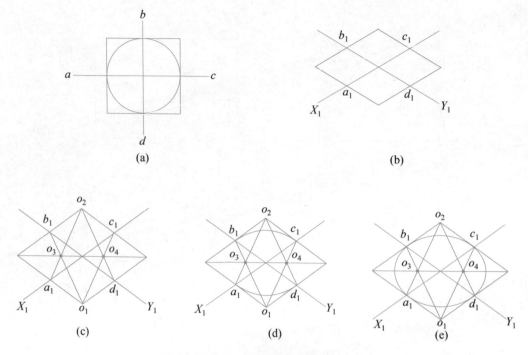

图 5-9　圆的正等轴测图——四心法

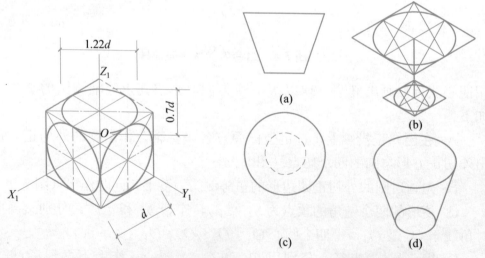

图 5-10　三个坐标面上相同直径圆的正等轴测图　　图 5-11　圆台的正等轴测图

分析：

先想象空间形体。由投影图可知，该形体是一个圆台。绘正等轴测图时，放置空间形体使上下两底面均平行于水平面，应用四心法可得椭圆，便于作图。

A. 在投影图上选定坐标系，以底面圆心为坐标原点，作圆的外切正方形（图 5-11a）。

B. 用四心法作出上下底面的投影椭圆（图 5-11b）。

C. 作上下底面投影—椭圆的公切线，即成形体的轴测图（图 5-11c）。

D. 擦去多余线，加深外轮廓线，即得形体的最后正等轴测图（图 5-11d）。

5.2   剖面图与断面图

5.2.1   剖面图

(1) 剖切原理

剖面图的形成

形体的内部构造在视图中的表达为虚线，当形体变化复杂且在内部时，就会产生过多的虚线，影响图面的清晰。这时，我们可以采用剖切视图来解决。

如图 5-12 所示，假象用一个平面 P 将形体切开，移走平面 P 之前的部分形体，将剩余部分向投影面投影得到新的视图，通过对比可以发现，剖切之后的识图可以看清楚形体的内部变化。我们将这个过程称为剖切投影，得到的视图称为剖切视图。

根据形体剖开之后的投影对象不同，分为剖面图和断面图两种。

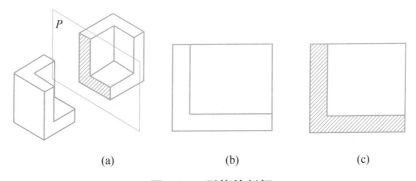

(a)   (b)   (c)

图 5-12   形体的剖切

（a）剖切过程；（b）剖切前的投影；（c）剖切后的投影

(2) 剖面图和断面图的区别

剖面图的投影对象是被剖切剩余的所有形体，包括被剖切的断面以及剩余部分形体，而断面图的投影对象只有被剖切到的断面。如图 5-13 所示，用平面 P 将其剖切开之后，断面图只需要画出剖切面切到的断面轮廓线，而剖面图还需要画出剩余部分投影的轮廓线。

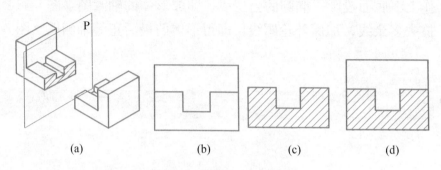

图 5-13　剖面图与断面图

（a）剖切过程；（b）剖切前的投影；（c）断面图；（d）剖面图

（3）剖面图的表达

1）剖切位置的选择及数量

在选择剖切平面的位置时应注意，首先剖切平面应平行于投影面，其次剖切平面应该经过具有代表性的位置，清晰的反应形体的内外组成特征，如孔、洞、槽（若孔、洞、槽是对称的应经过中心线）。

2）剖面图符号

由于剖切平面本身平行于投影面，所以剖面图无法反映出剖切平面的位置，必须在其他视图上标出剖切平面的位置及剖切形式，称为剖切符号。剖面图符号不应与图面上的图线接触，一般由以下三部分组成，如图 5-14 所示。

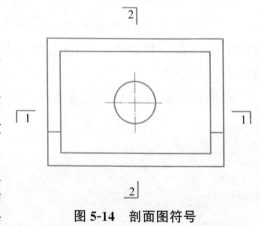

图 5-14　剖面图符号

A. 剖切位置线。粗实线绘制，长度为 6～10mm，成对出现，两个剖切位置线应在一条直线上，代表剖切平面的积聚投影；

B. 投影方向线。粗实线绘制，长度为 4～6mm，成对出现，方向与剖切位置线垂直，代表剩余形体的投影方向；

C. 剖切编号。当图中的剖切视图为 2 个及 2 个以上时候，为区分识图，一般用阿拉伯数字进行编号，数字成对出现，应写在投影方向的位置；如图面中只有一个剖切识图，可以不编号。

3）剖面图的画法

剖面图一般是由四部分组成的。

A. 断面。剖切平面与形体接触部分称为断面，断面的轮廓线应用粗实线绘制。

B. 材料图例。断面内应填充相应的材料图例；如未注明形体的材料时，应在相应的位置画出同向、同间距并与水平线成 45°角的细实线（也称剖面线）《房屋建筑制图统一标准》GB/T 50001—2017 中将常用建筑材料做了规定的画法。材料图例中出现的线应用细线绘制。

C. 剩余部分投影线。被剖切形体除断面外的剩余部分投影线应用中实线绘制。

D. 图名和比例。图名应与剖切符号中的编号相同，如 1-1 剖面图、2-2 剖面图；比例则按照实际的绘图比例应写在图名后方。

应当注意的是：由于剖切是假象的，前一次剖切不影响后一次剖切，每一次剖切都是在完整的形体上进行的剖切；为了使图形更加清晰，剖面图中一般不画虚线。

（4）剖面图的分类

由于形体的形状变化多样，所以剖面图的剖切平面的位置、数量、方向、范围应根据形体内部结构和外形来选择，常用的剖面图有以下几种：

剖面图的分类

1）全剖面图（图 5-15）

剖切平面把形体完整地剖切开，所得到的剖面图，称为全剖面图。全剖面图一般常应用于不对称的形体，或外形结构简单而内部结构复杂的形体。

剖面图的认识

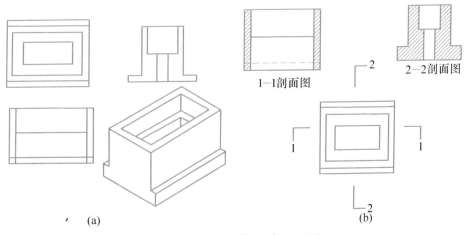

（a）　　　　　　　　　　（b）

图 5-15　水槽的全剖面图

（a）外观投影图；（b）全剖面图

2）半剖面图

如果形体是对称的，画图时常把形体投影图的一半画成剖面图，另一半画成外形正投影图，这样组合而成的投影图称为半剖面图。这种作图方法可以节省投影图的数量，而且从一个投影图可以同时观察到立体的外形和内部构造。

如图5-16所示为一形体的半剖面图，在正面投影中，采用了半剖面图的画法，以表示形体的外部形状和内部构造。

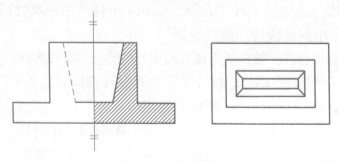

图5-16 半剖面图

画半剖面图时应注意：

A. 半剖面图和半外形图应以对称面或对称线为界，对称面或对称线画成细单点长线。

B. 半剖面图一般应画在水平对称轴线的下侧或竖直对称轴线的右侧。

C. 半剖面图一般不画剖切符号和编号，图名沿用原投影图的图名。

3）阶梯剖面图

用两个或两个以上的互相平行的剖切平面将形体剖开，得到的剖面图称为阶梯剖面图（图5-17a）。如图5-17（b）所示，形体上有两个孔洞，但这两个孔洞不在同一轴线上，如果作一个全剖面图，不能同时剖切两个孔洞。因此，考虑用两个互相平行的平面通过两个孔洞剖切，如图5-17（c）所示，这样可

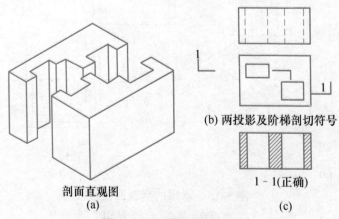

剖面直观图
(a)

(b) 两投影及阶梯剖切符号

1－1(正确)
(c)

图5-17 阶梯剖面的形成

以在同剖面图上将两个不在同一方向上的孔洞同时反映出来。

画阶梯剖面图时应注意，由于剖切是假想的，因此在剖面图中不应画出两个剖切平面的分界交线。在画剖切符号时，剖切平面的阶梯转折用粗折线表示，线段长度一般为 4～6mm，折线的突角外侧可注写剖切编号，以免与图线混淆。

4）展开剖面图

当形体上一部分结构倾斜于某一投影面，而另一部分又平行于该投影面时，为了同时表达出这两部分结构的形状，可采用两个相交的剖切平面（交线垂直于投影面），沿着需要剖开的位置剖切形体，把两个平面剖面图形，旋转到与该投影面平行的位置后，一起向该投影面投影，从面得到的剖面图称为展开剖面图。

如图 5-18 为一个楼梯展开剖面图，由于楼梯的两个梯段间在水平投影图上成一定夹角，如用一个或两个平行的剖切平面都无法将楼梯表示清楚，因此可以用两个相交的剖切平面进行剖切，移去剖切平面和观察者之间的部分，将剩余楼梯的右面部分旋转至与正立投影，便可得到展开剖面图。

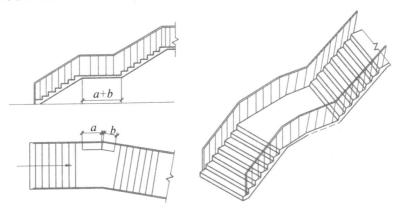

图 5-18　楼梯的展开剖面图

画展开剖面图时，应注意用相交的剖切面剖切后得到的剖面图应在图名的后面加"展开"二字，并加上圆括号，且不应画出两剖切面的交线。

5）局部剖面图

当形体仅需要一部分采用剖面图就可以表示内部构造时，可采用将该部分剖开形成局部面的形式，称为局部剖面图。局部剖面图的剖切平面也是投影面平行面，如图 5-19 所示。

画局部剖面图时应注意：

A. 局部剖面的采用徒手绘制的波浪线分界，不标注剖切符号和编号。图名仍采用原投影图的名称；

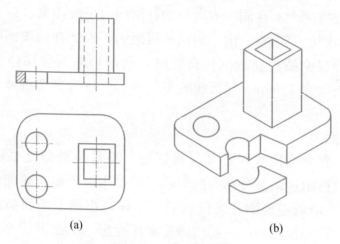

(a)　　　　　　　　　　　　(b)

图 5-19　局部剖面图

B. 波浪线为细线绘制，与图形轮廓线相交，但不应为图形轮廓线的延长线；

C. 局部剖面图的剖切范围不应超过原投影图的一半。

6）分层剖面图

为了表达一些有分层构造，并且分层尺寸较小的形体，可以采用分层局部剖切的方式，得到分层剖面图。如图 5-20 所示，图 5-20（a）所示的是一面墙的构造情况，以两条波浪线为界，画出三层构造：内层为砖墙、中间层为混合砂浆找平层、面层为仿瓷涂料罩面。画分层剖面图时，应按层次以波浪线为界，波浪线不与任何图线重合。图 5-20（b）所示的是木地面分层构造的剖面图，把剖切到的地面一层一层地剥离开来，在剖切的范围中画出材料图例，有时还加注文字说明。

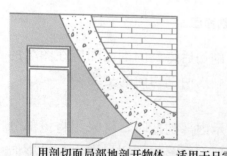

预应力板　　沥青　　硬木地面

用剖切面局部地剖开物体，适用于只需要显示其局部构造或多层次构造的物体，波浪线不应与任何线重合。

(a)　　　　　　　　　　　花篮梁　水泥砂浆找平层　(b)

图 5-20　分层剖面图

（a）墙体的分层剖面图；（b）木地板的分层剖面图

5.2.2　断面图

(1) 断面图的表达

对于一些单一构件及只需要表达构件某一部位的界面形状时，可以只绘制断面图。即用假想的剖切平面剖开形体，将处在观察者和剖切平面之间的部分移去，并将剖切面与物体接触部分的断面向投影面进行投影所得的正投影图。

断面图的认识

断面图和剖面图的剖切原理相同，断面图只需要画出剖切面切到的断面的轮廓线，而剖面图还需要画出剩余部分投影的轮廓线。如图 5-21 所示。

断面图和剖面图的差异

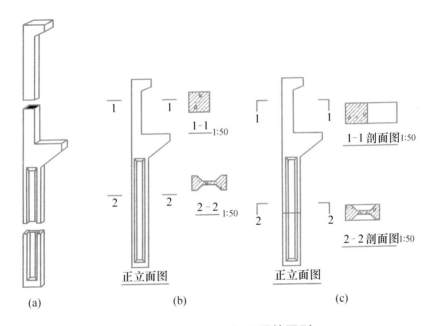

图 5-21　断面图和剖面图的区别

(a) 轴测图；(b) 断面图；(c) 剖面图

1）断面图符号

A. 剖切位置线。粗实线绘制，长度为 6～10mm，成对出现，两个剖切位置线应在一条直线上，代表剖切平面的积聚投影；

B. 剖切编号。当图中的剖切视图为 2 个及 2 个以上时候，为区分识图，一般用阿拉伯数字进行编号，数字成对出现，一般写在投影方向的位置；如图面中只有一个剖切识图，可以不编号。

2）断面图的画法

断面图一般是由三部分组成的。

A. 断面。剖切平面与形体接触部分称为断面，断面的轮廓线应用粗实线绘制；

B. 材料图例。断面内应填充相应的材料图例，规定与剖面图的材料填充相同；

C. 图名和比例。图名应与剖切符号中的编号相同，如 1-1 断面图、2-2 断面图；比例则按照实际的绘图比例写在图名后方。

（2）断面图的分类

1）移出断面图

将断面图画在物体投影轮廓之外，称为移出断面图。这种处理方式适用于断面变化较多、需要画多个断面图的构件。如图 5-22 所示的变截面梁，采用的就是移出断面图。

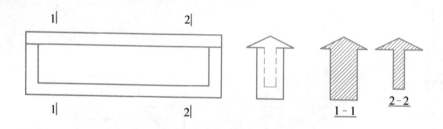

图 5-22　梁的移出断面及画法

2）中断断面图

画在投影图中断处的断面图称为中断断面图。中断断面图适用于杆件较长且断面形状单一的构件。中断断面图不必标注剖切符号，投影图的中断处用波浪线或折断线绘制如图 5-23 所示为槽钢的中断断面图。

图 5-23　槽钢中断断面图

3）重合断面图

将断面图直接画于投影图中，二者重合在一起，称为重合断面图。重合断面图不画剖切位置线亦不编号，图名沿用原图名。轮廓线用粗实线绘制，其轮廓可能是不闭合的（图 5-24a），也可能是闭合的（图 5-24b），当闭合时应于断面轮廓的内侧加画材料图例。

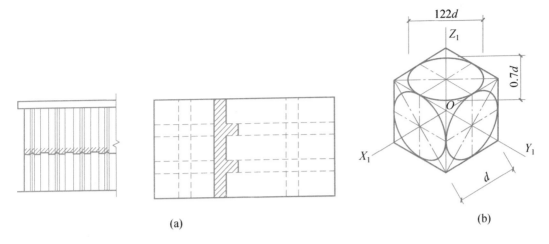

(a)　　　　　　　　　　　　　　　　　　　(b)

图 5-24　重合断面

（a）墙壁上的装饰线的断面图；（b）屋面上的重合断面

参 考 文 献

［1］ 吴舒琛，王献文. 土木工程识图-北京：高等教育出版社，2010. 7.

［2］ 游普华，朱红华. 建筑工程制图与识图-2 版-哈尔滨：哈尔滨工业大学出版社，2017. 7.

［3］ 宋良瑞. 建筑识图与构造. 北京. 高等教育出版社，2019. 10.

中等职业教育土木水利类专业"互联网+"数字化创新教材
中等职业教育"十四五"系列教材

画法几何习题集

张含彬　卢　倩　宋良瑞　主编

唐忠茂　主审

中国建筑工业出版社

前　言

为适应中等职业教育的需要，培养出能动手、会动手、与建筑施工专业相适应的专业人才，编者在综合考虑中等职业学校学情的前提下，根据多年的教学经验并结合教学改革的实践编写本习题集，与主教材《画法几何》配套使用。《画法几何》是一门理论和实践相结合的课程，其中习题和作业是实践性教学环节的重要内容，是帮助学生消化、巩固基础理论和基本知识，训练基本技能，强化学生的图形绘制、识读以及空间想象能力的重要手段。

本习题集的编写顺序与主教材《画法几何》教材一致。每个章节习题均由易到难，分成了不同的梯度，教师可实现分层教学，也可根据专业和学时数的不同，按实际情况选用或另作适当补充。在内容安排上采用读画结合为主，把最新的国家制图标准中有关规定和画法贯穿于习题与作业之中，注重与工程实际的结合，加强了专业制图和识图技能的训练。学生可通过反复练习、循序渐进地掌握建筑施工专业人才所需的理论知识，并将理论融于实践之中。

本书由张含彬、卢倩、宋良瑞主编，贾婷、陈恩屹、李丽、郑敏、袁星参加编写，均为工作在教学一线，有着丰富教学经验的教师。

本书由四川省第四建筑有限公司副总工程师、工程管理中心总经理、教授级高级工程师唐忠茂先生担任主审，他对本书稿提出了许多宝贵意见和建议，在此表示衷心感谢！

由于编者水平有限，书中如有不当或错误，敬请读者批评指正！

编者

2021 年 07 月

四川省双流建设职业技术学校

目　　录

仿宋字练习

建 筑 制 图 工 程 钢 筋 混 凝 土 门 窗 墙 体 梁 板 柱 屋 顶 平 立 剖 楼 梯 尺 寸 轴 线 比 例 基 础 民 用

0 1 2 3 4 5 6 7 8 9

A B C D E F G H I J K L M N O P Q R S T U V W X Y Z

a b c d e f g h i j k l m n o p q r s t u v w x y z

教学单元 1　建筑制图的基本知识	专业		姓名		班级		学号		

一、绘图目的

1. 了解并遵守制图基本规格的有关规定（图、图线、字体、比例、尺寸注法、材料图例等）；

2. 学习正确使用绘图工具和仪器的方法，掌握基本的绘图方法；

3. 练习并掌握各种线型、材料图例的画法。

二、绘图内容及要求

1. 图纸：A3 幅面绘图纸，2H 铅笔绘制底稿，2B 铅笔加深、加粗；

2. 内容：按图中指定的比例和尺寸，抄绘图中所示的图案和材料图例，包括图线、尺寸标注、文字及数字；

3. 比例：房屋平面图按 1：100 比例绘制，材料图例按 1：1 比例绘制；

4. 图线：粗线的宽度为 1mm，中线的宽度为 0.5mm，细线、尺寸标注及点画线的宽度为 0.25mm；

5. 字体：汉字用长仿宋体，数字、字母用直体字。各图图名用 7 号字，其余文字采用 5 号字；比例数字用 5 号字，尺寸数字用 3.5 号字；标题栏中的院系名、图名用 7 号字，其余汉字用 5 号字；当汉字与数字连在一起书写时，汉字应比数字大 1 号；

6. 严格遵守制图标准，正确使用工具和仪器，均匀布置图面，培养认真负责的工作态度和严谨细致的工作作风，做到作图准确，图线分明，字体工整，整洁美观。

三、绘图注意事项

1. 各种图线应粗细分明，同种线型的宽度应保持一致；

2. 对于图案应注意图线交接处的正确画法，应特别注意点画线、虚线和实线相交或相接时的画法；

3. 书写长仿宋字时，应打好格子，对于数字和字母应先画好两条字高线，尽量做到整齐划一；

4. 对图中所列出的材料图例，需掌握其表达内容，并按国家标准的规定；

5. 应注意图面布置，使图形布局合理、美观大方。

| 教学单元 1　建筑制图的基本知识 | 专业 | | 姓名 | | 班级 | | 学号 | |

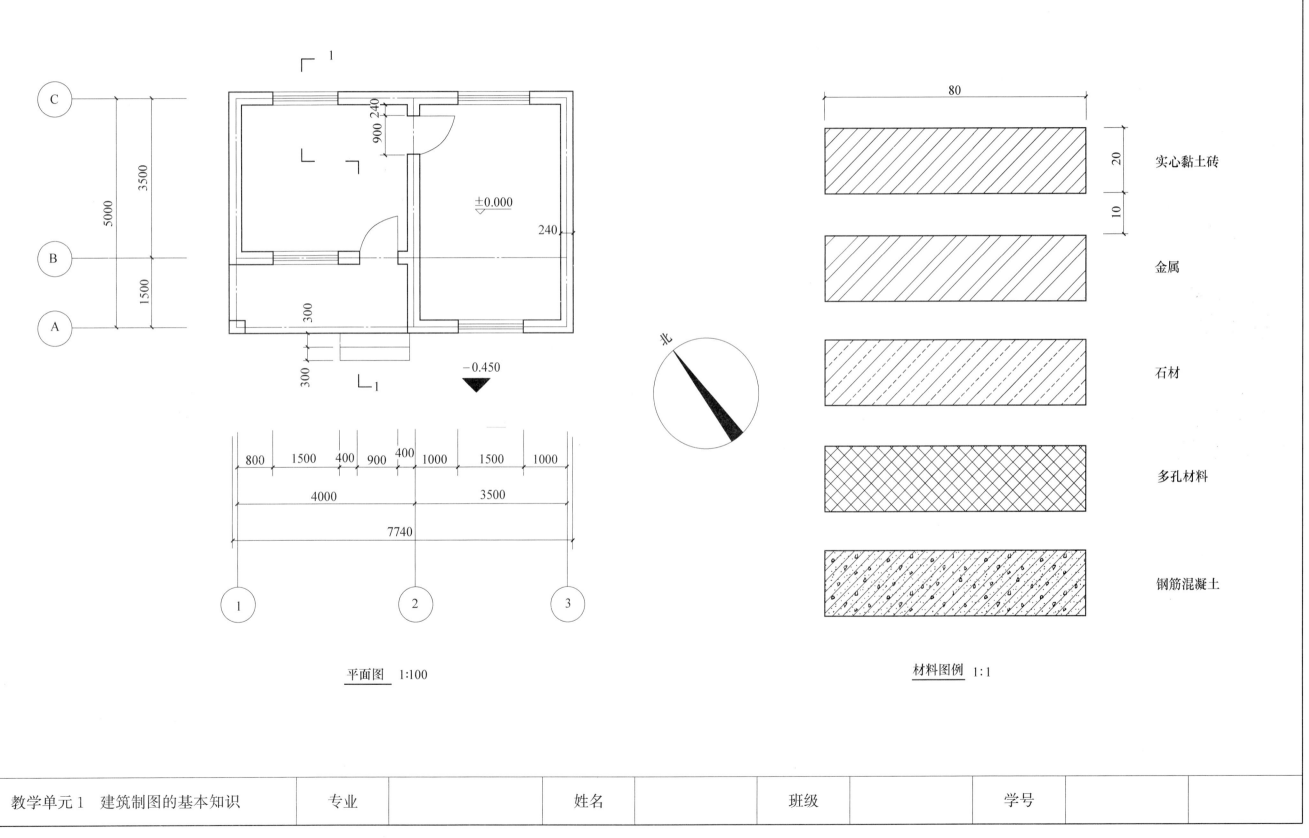

平面图 1:100

材料图例 1:1

实心黏土砖

金属

石材

多孔材料

钢筋混凝土

教学单元1 建筑制图的基本知识	专业		姓名		班级		学号	

根据形体的立体图找出对应的轴测图，并补画出形体 H 面的投影。

教学单元2　投影的基础知识	专业		姓名		班级		学号	

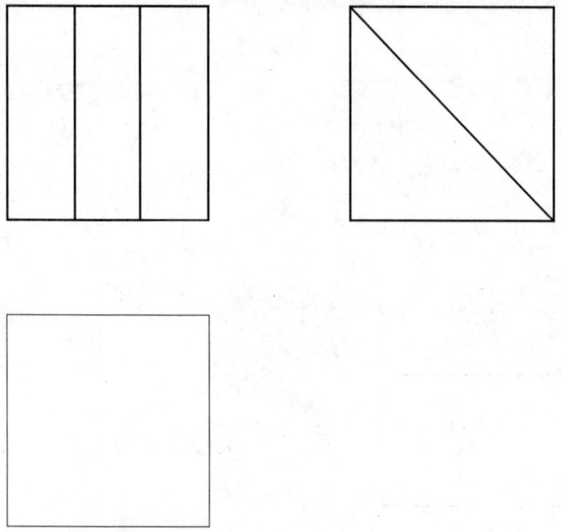

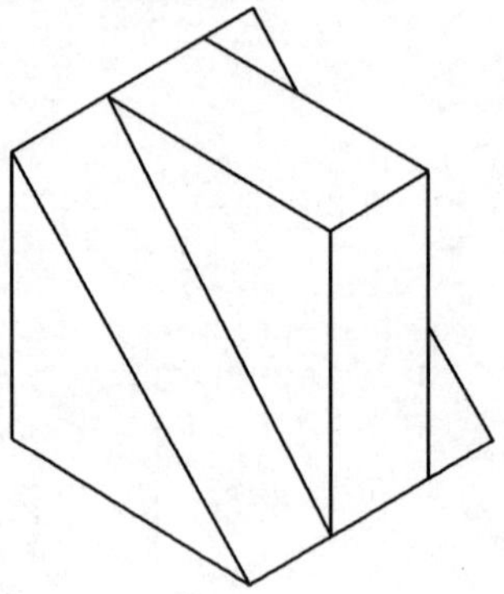

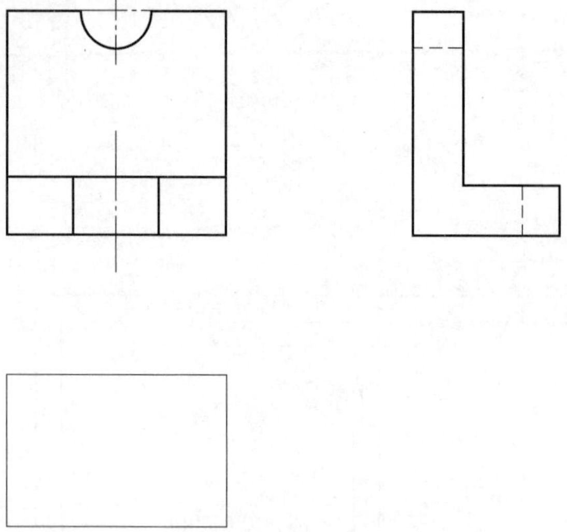

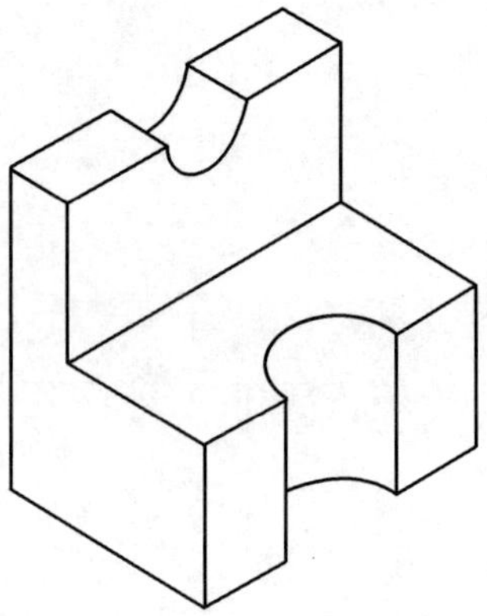

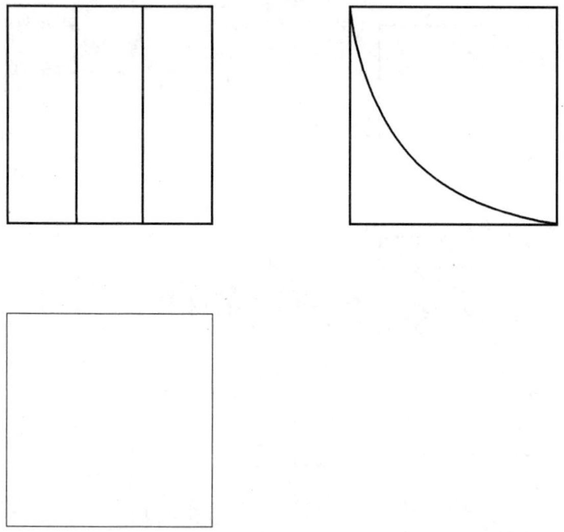

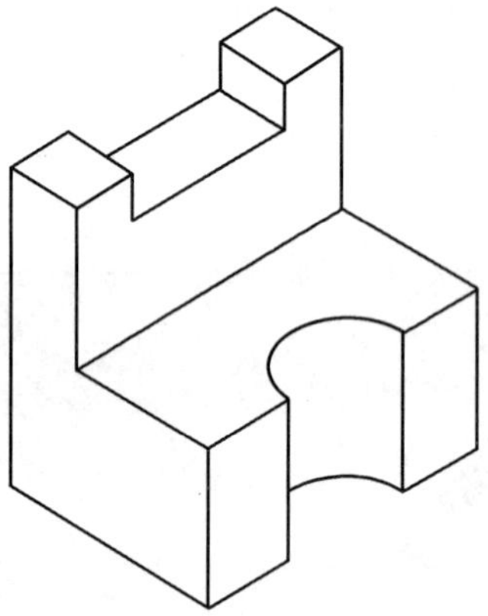

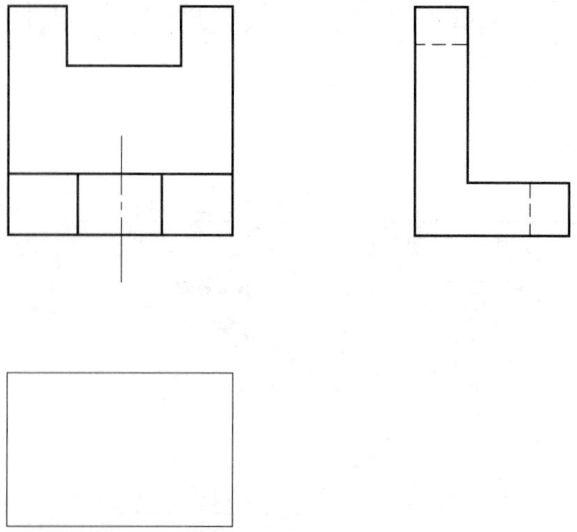

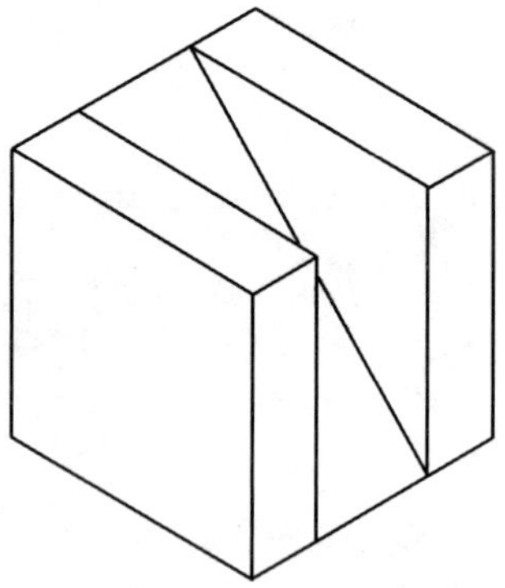

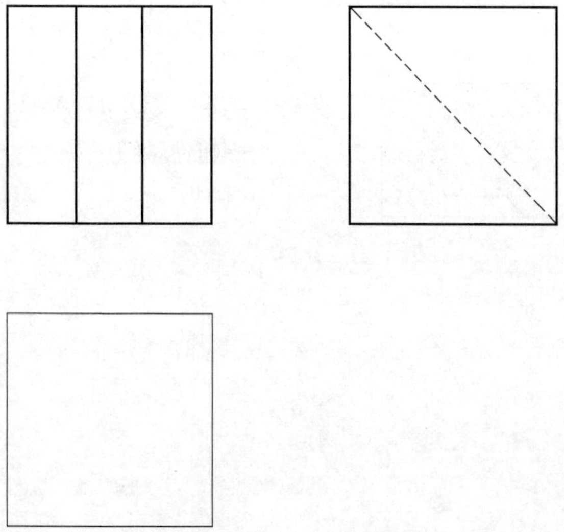

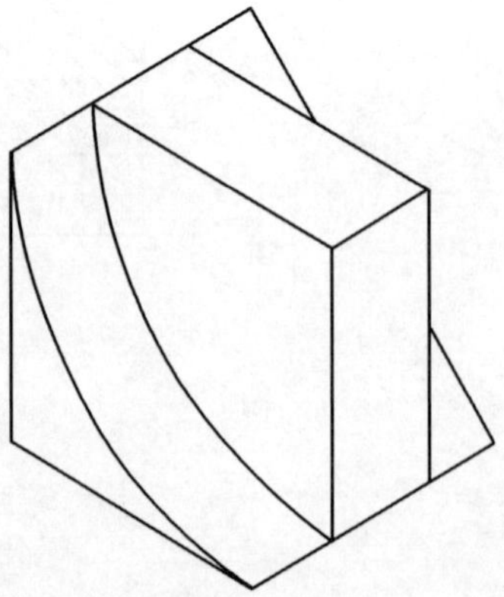

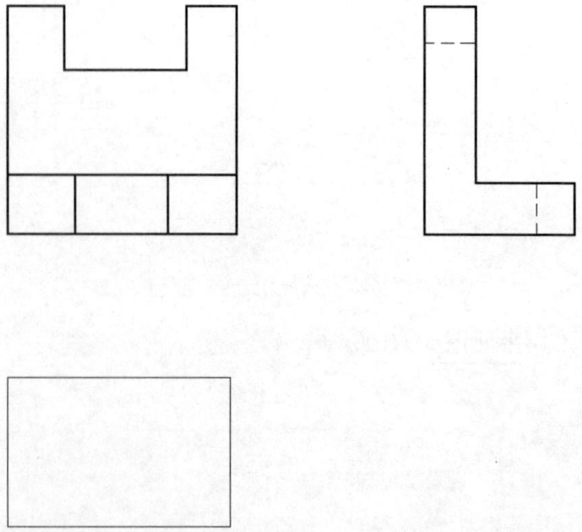

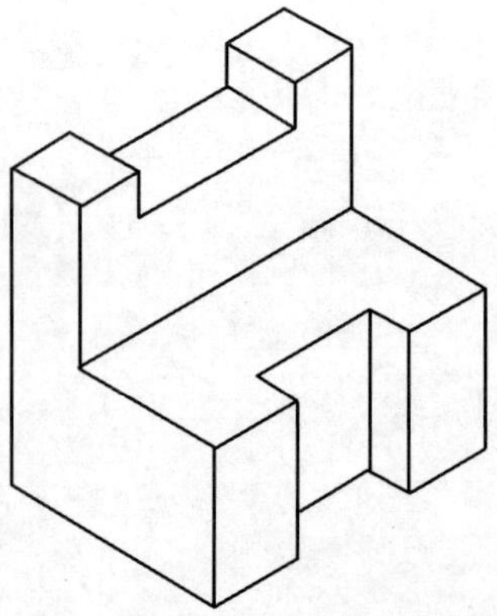

根据形体的立体图，补画出形体的第三面投影。

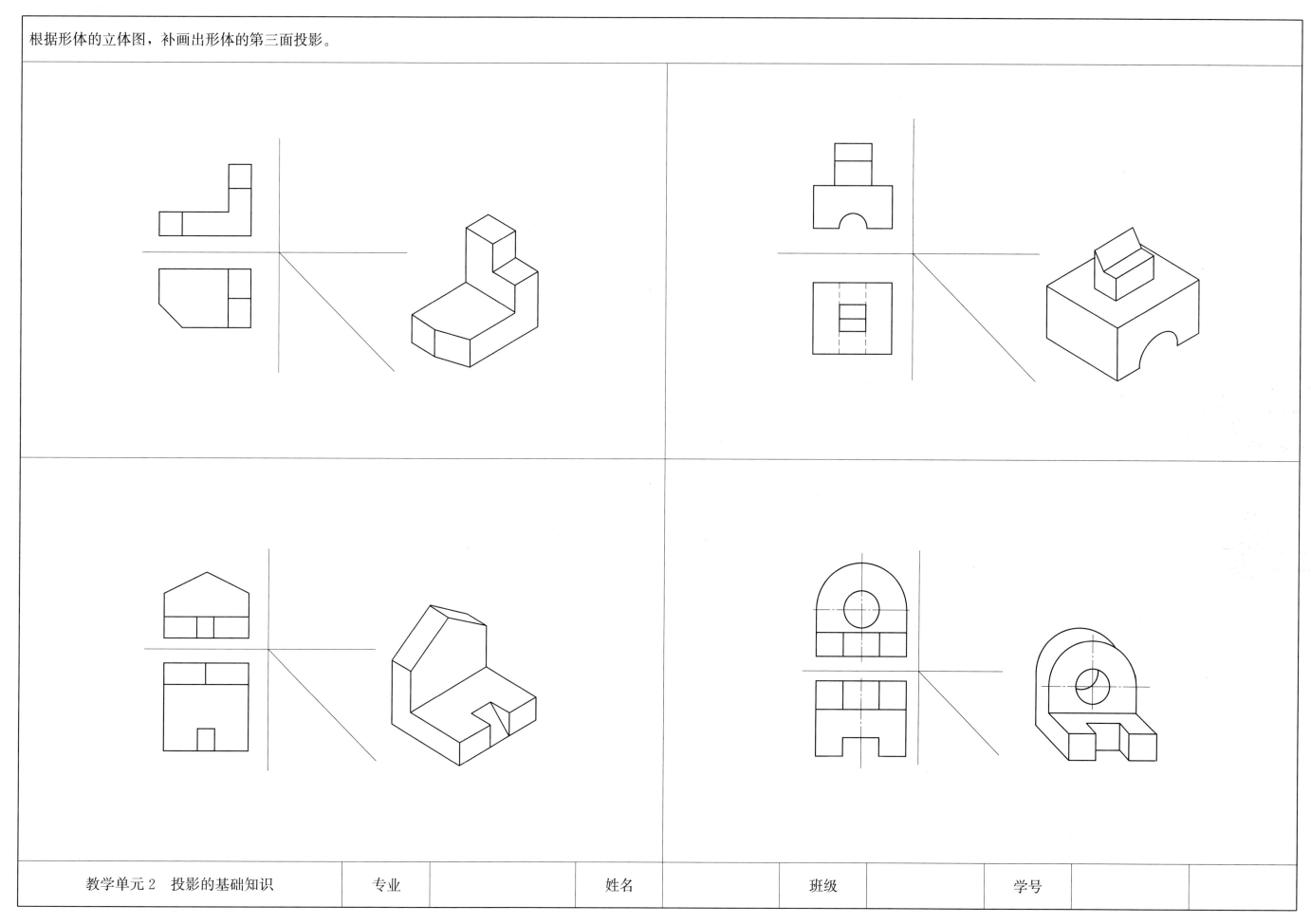

教学单元2　投影的基础知识　　　专业　　　　　　姓名　　　　　　班级　　　　　　学号

5

根据形体的立体图画出其三面投影图（形体尺寸从图中1：1量取）。

教学单元2　投影的基础知识	专业		姓名		班级		学号	

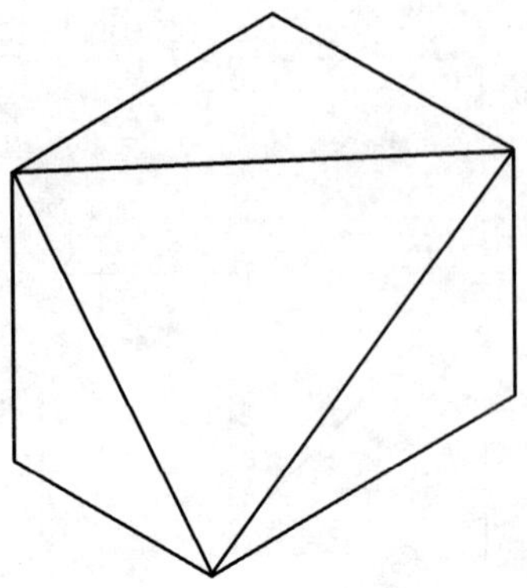

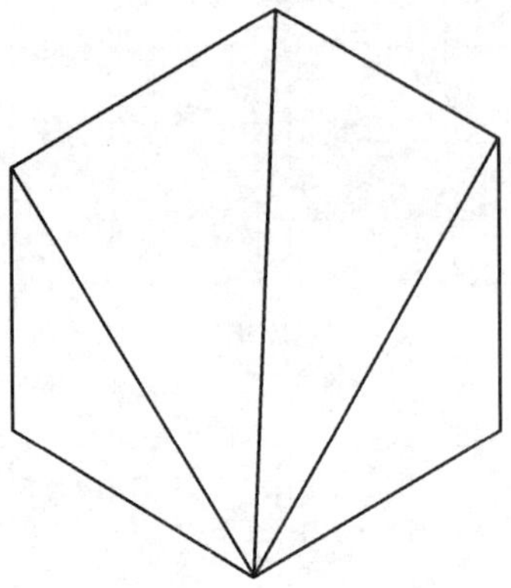

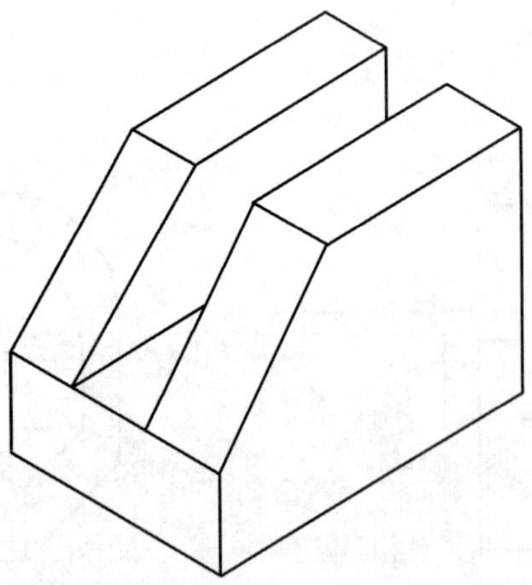

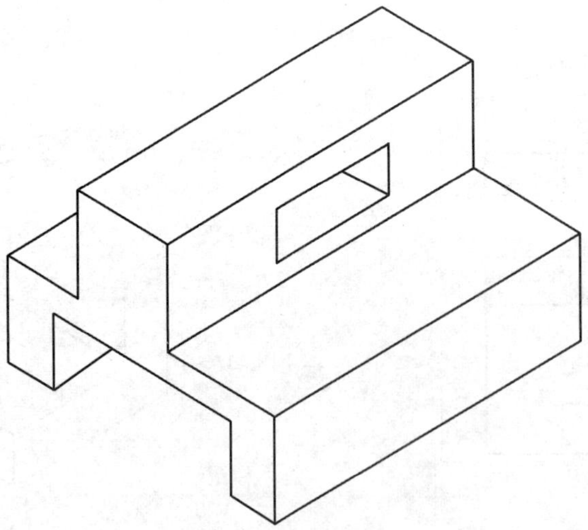

根据形体的立体图画出其三面投影图（形体尺寸从图中 1∶1 量取）。

教学单元 2　投影的基础知识	专业		姓名		班级		学号	

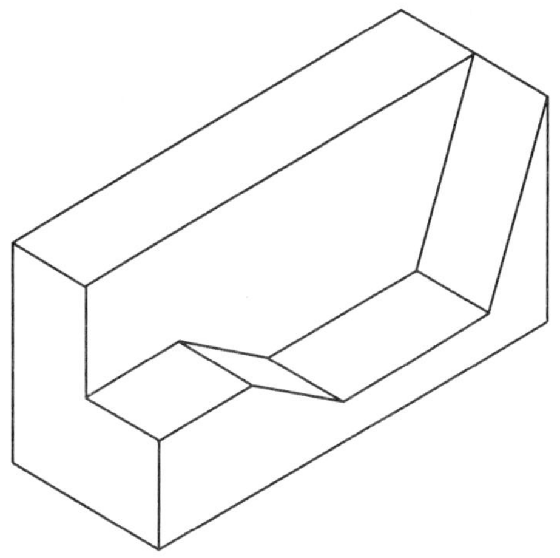

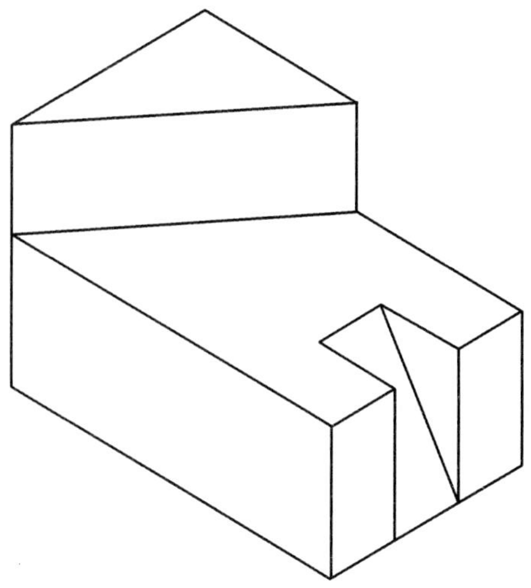

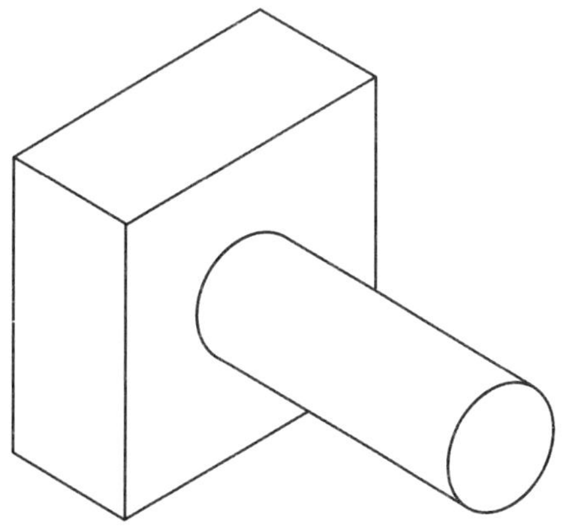

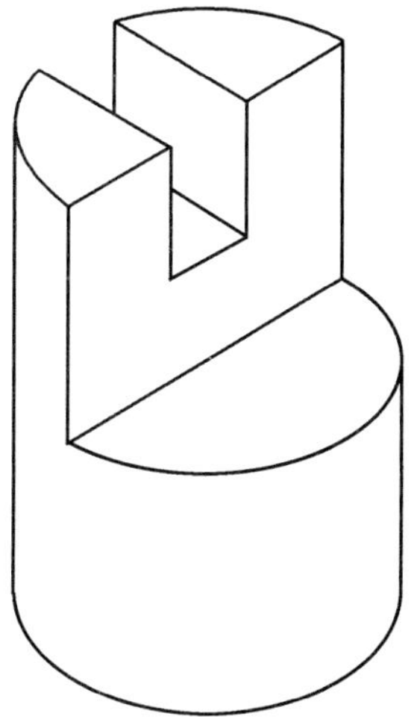

3-1　已知点 A、B、C 的两面投影，求第三面投影。

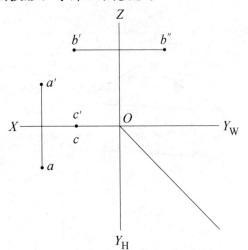

3-2　已知 A、B、C 单点的坐标，完成其三面投影。

A（20，15，10）、B（15，20，20）、C（15，0，10）

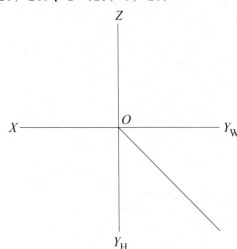

3-3　已知各点对投影面的距离，求出各点的三面投影，并写出各点的坐标值。

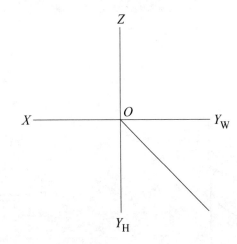

距离 点	距 V 面	距 W 面	距 H 面
A	15	10	15
B	0	15	0
C	10	0	15
D	15	15	0

A（　，　，　）
B（　，　，　）
C（　，　，　）
D（　，　，　）

3-4　已知点 A 的两面投影，B 点在 A 点正上方 10，C 点在 A 点的右方 5，其前方 5，下方 5，D 点在 A 点的左方 10，后方 10，上方 5，完成各点的三面投影。

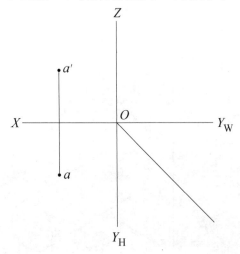

教学单元 3　点、直线、平面的投影	专业		姓名		班级		学号	

3-5 已知 A、B、C 三点各一个投影，且 B 点属于 X 轴，A 点属于 V 面，C 点属于 Y 轴，完成各点的投影，并直接在图中量取各点的距离填入表中。

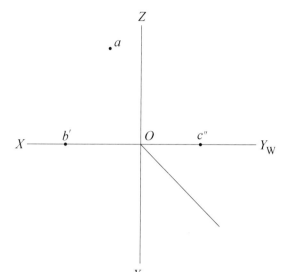

距离 点	离 H 面	离 V 面	离 W 面
A			
B			
C			

3-6 已知点 A、B、C 的两面投影，求第三面投影，并判别各重影点的可见性。

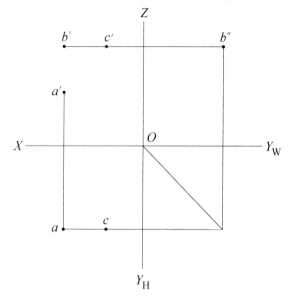

3-7 根据所给的坐标，做出其三面投影，并对比他们的相对位置。

A（25，20，10）

B（10，0，20）

C（15，10，5）

距 H 面（　　）点最高，（　　）点最低，距 V 面（　　）点最前，（　　）点最后，距 W 面（　　）点最左，（　　）点最右。

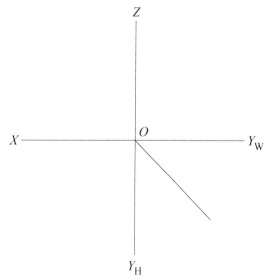

3-8 判别下列各重影点的相对位置。

A 点在 B 点的（　　）方；D 点在 C 点的（　　）方。

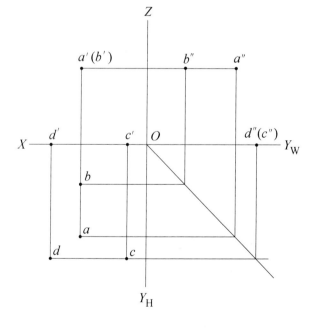

教学单元 3　点、直线、平面的投影	专业		姓名		班级		学号	

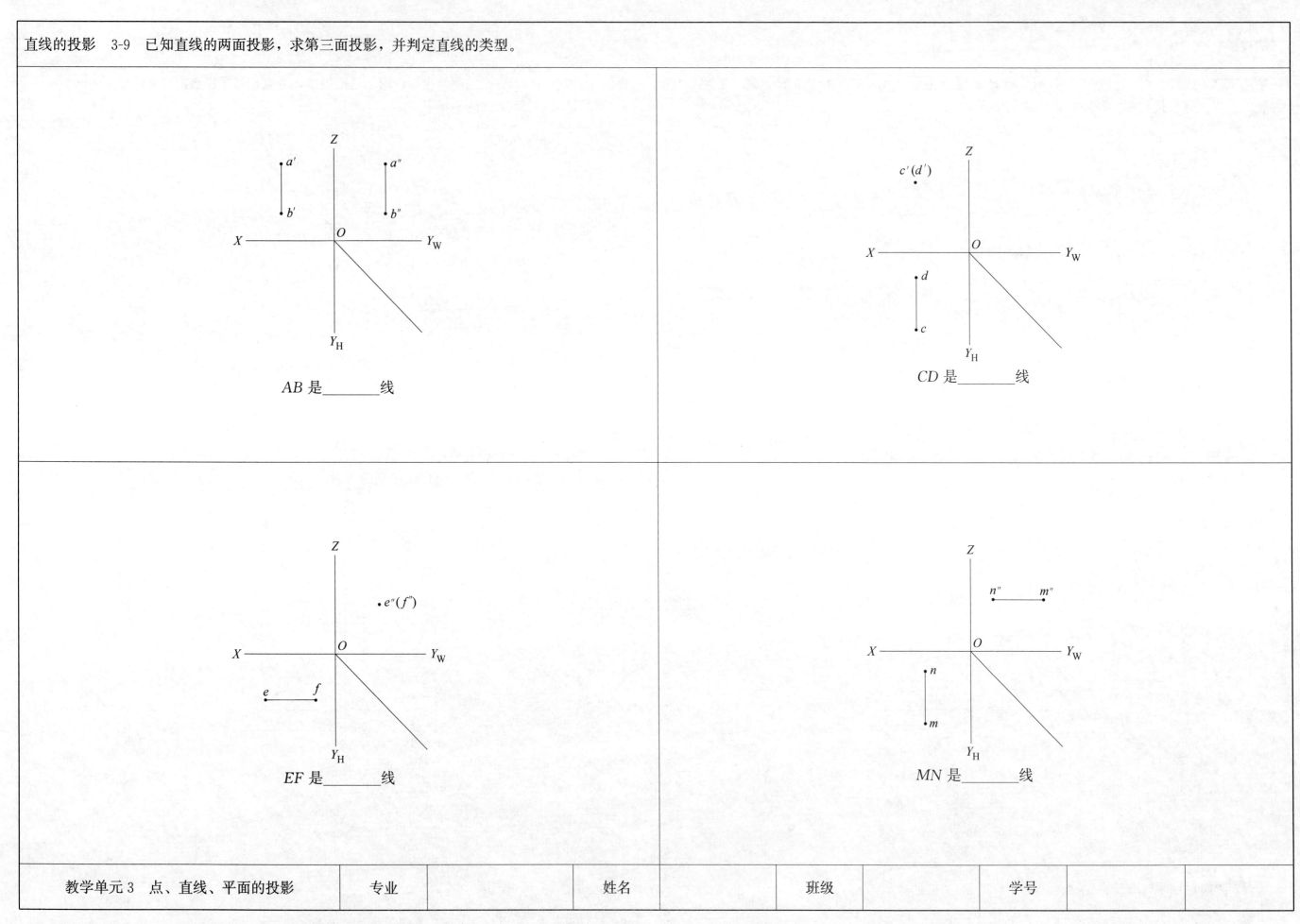

AB 是＿＿＿＿＿线

CD 是＿＿＿＿＿线

EF 是＿＿＿＿＿线

MN 是＿＿＿＿＿线

教学单元 3　点、直线、平面的投影	专业			姓名		班级		学号		

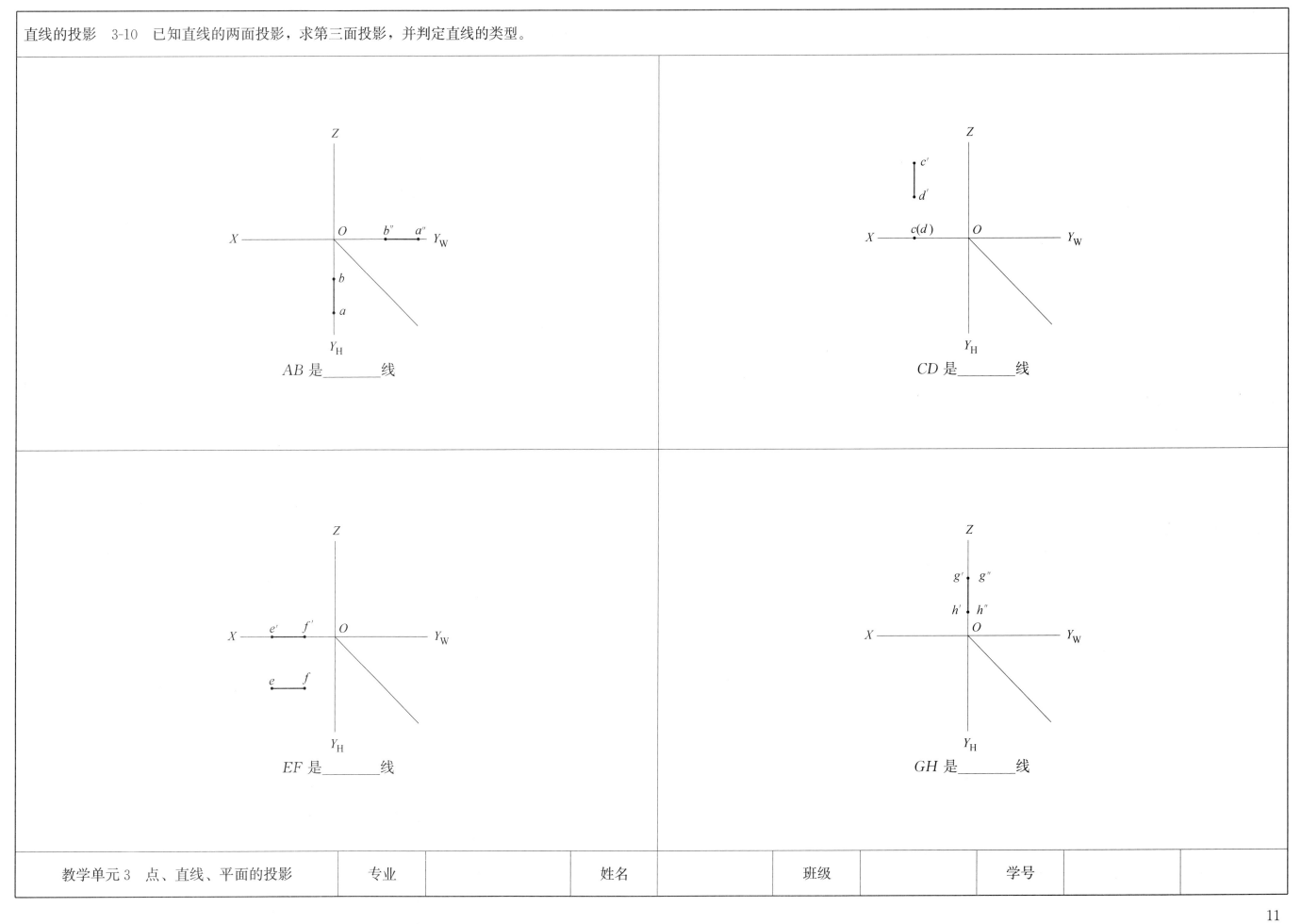

AB 是_____线

CD 是_____线

EF 是_____线

GH 是_____线

直线的投影　3-11　已知直线 AB 的两面投影，求第三面投影；在反映实长的投影上注写"SC"；并写出各线段与投影面的倾角和相对位置。

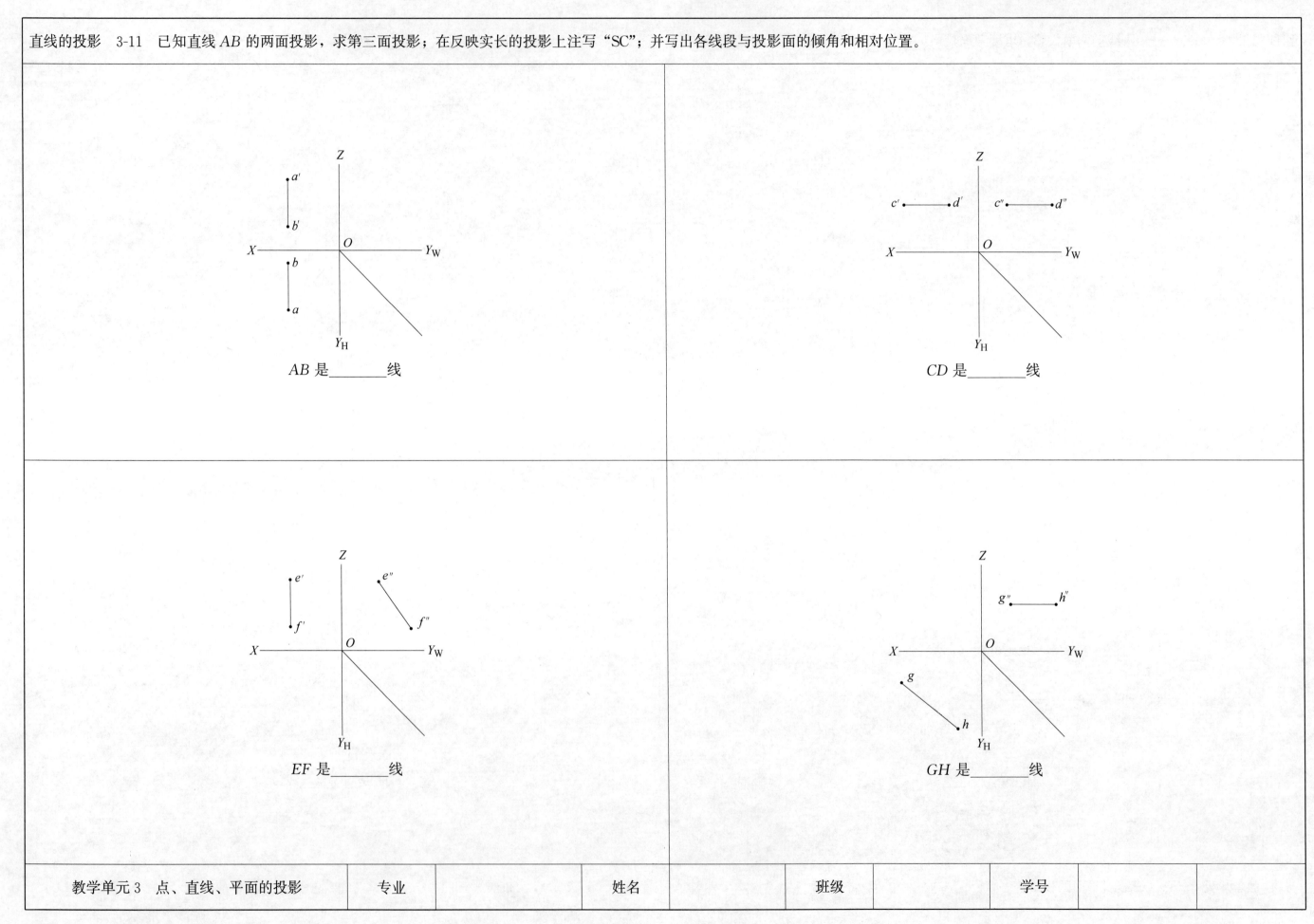

AB 是_____线

CD 是_____线

EF 是_____线

GH 是_____线

教学单元 3　点、直线、平面的投影	专业		姓名		班级		学号		

直线的投影　3-12　已知直线 AB 的两面投影，求第三面投影；在反映实长的投影上注写"SC"；并写出各线段与投影面的倾角和相对位置。

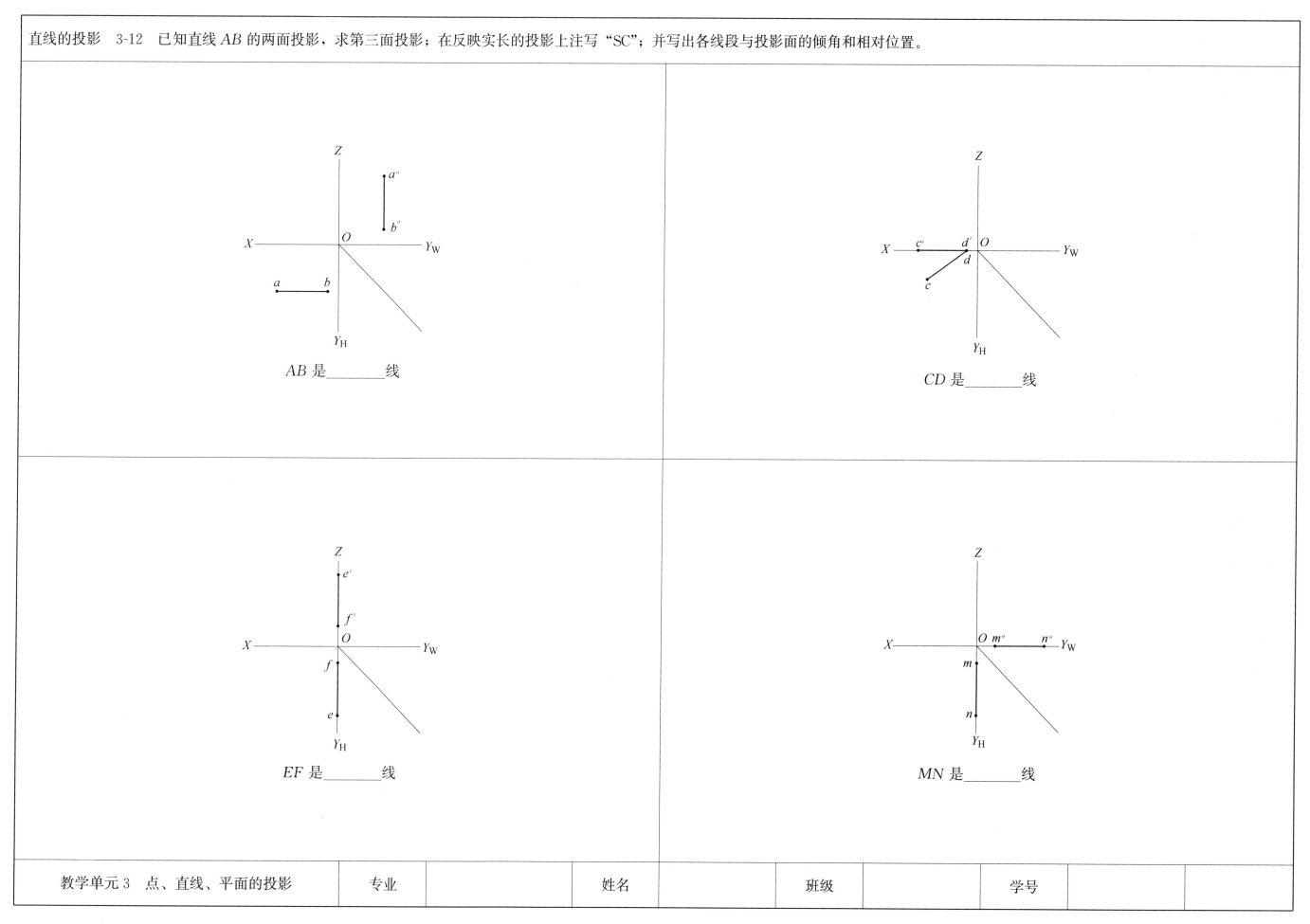

AB 是_____线

CD 是_____线

EF 是_____线

MN 是_____线

教学单元 3　点、直线、平面的投影	专业		姓名		班级		学号	

13

3-13　求线段 AB 与 H、V 面的倾角。

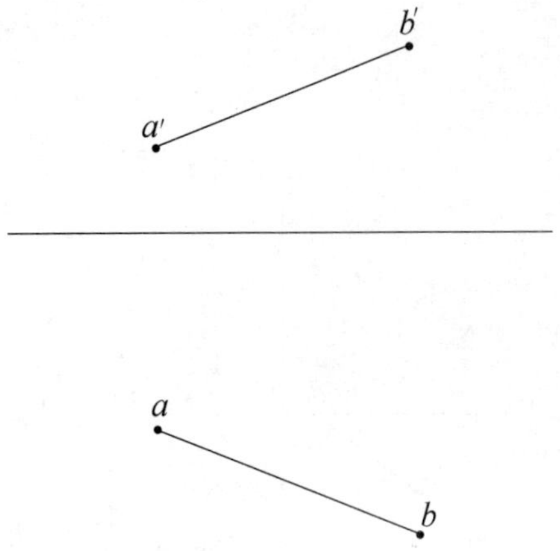

3-14　求线段 AB 的实长和 AB 与 W 面的倾角。

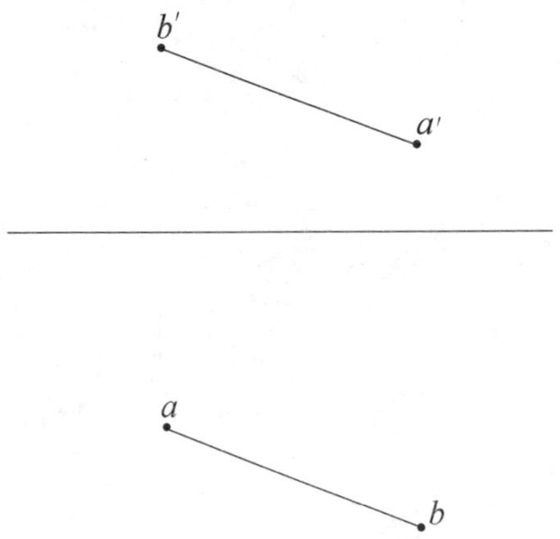

3-15　已知线段 AB 对 H 面投影 ab 以及 a'，且 $\alpha=30°$，补全 AB 的 V 面投影，有几种解法？

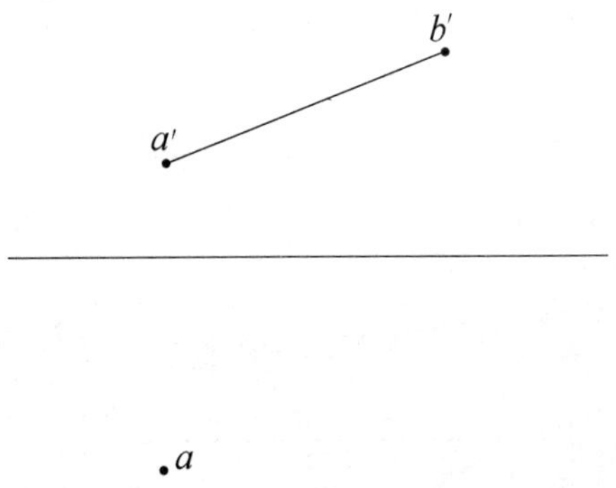

3-16　已知线段 AB 的 V 面投影及点 A 的水平投影 a，且 $AB=50$，补全 AB 的 H 面投影，有几种解法？

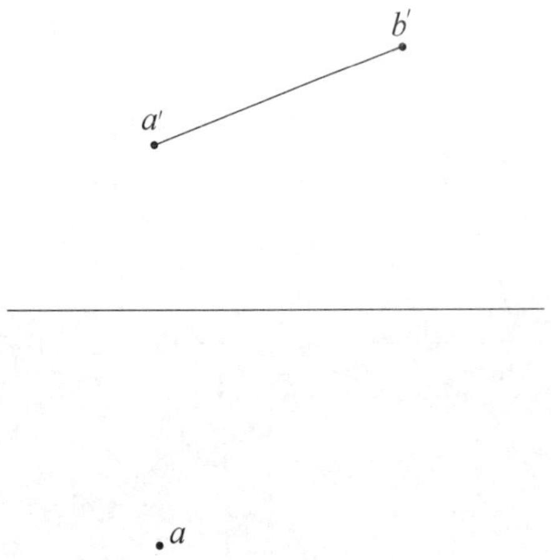

| 教学单元 3　点、直线、平面的投影 | 专业 | | 姓名 | | 班级 | | 学号 | |

3-17　判定点 C 是否属于线段 AB。

（1）

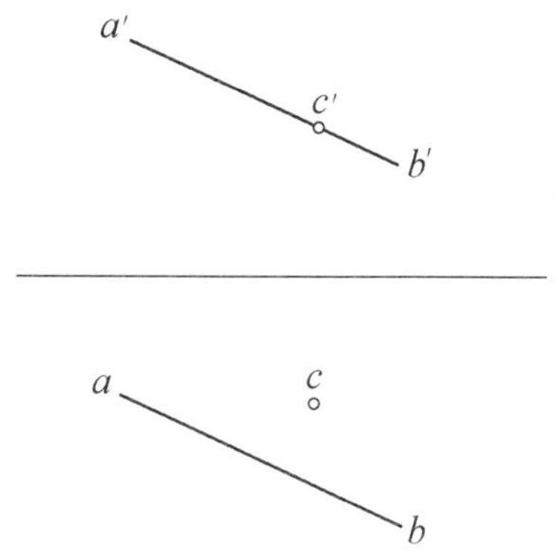

（2）

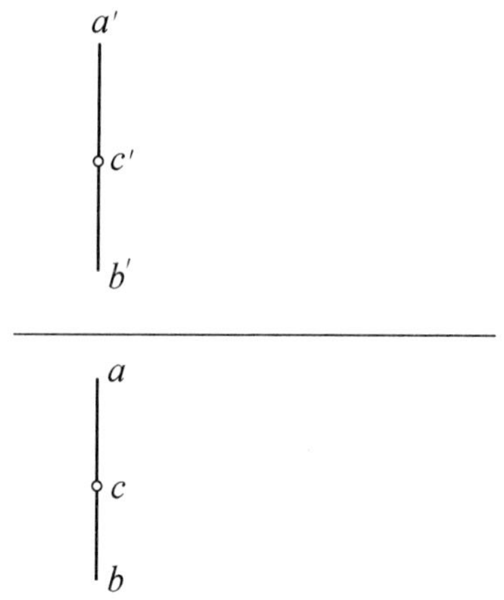

3-18　在直线 AB 上求作一点 C，使 C 点到 V 面和 H 面的距离相等。

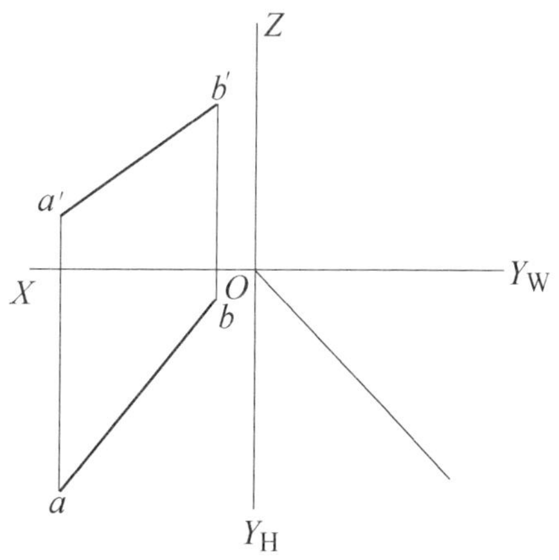

3-19　K 点在直线 AB 上，求作 K 点的 H 面投影。

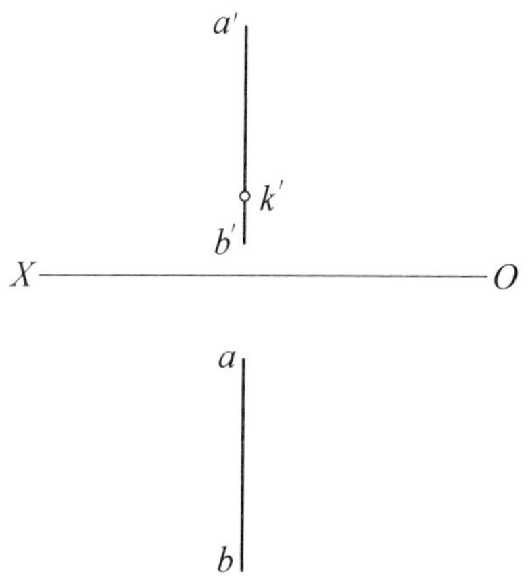

| 教学单元 3　点、直线、平面的投影 | 专业 | | 姓名 | | 班级 | | 学号 | | |

3-20 已知点 C 属于线段 AB，且 C 点分 AB 为 $AC：CB＝2：1$，求 C 点的 H、V 面投影。

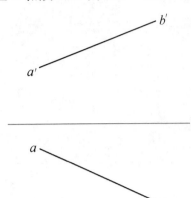

3-21 已知 C 点属于线段 AB，$AC＝20$mm，求作 C 点的 H、V 投影。

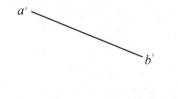

3-22 作一正平线与 AB、CD 均相交，且距 V 面为 15mm，并求两交点间的距离。

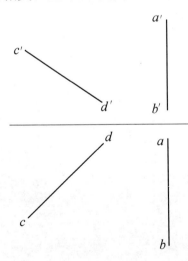

3-23 作一直线 $MN // CD$，且分别与 AB 和 EF 交于 M、N 点。

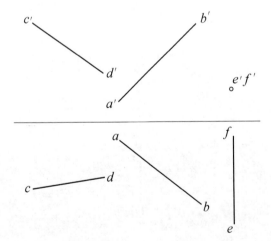

教学单元 3 点、直线、平面的投影	专业		姓名		班级		学号		

3-24 作图判别下列两直线 *AB* 和 *CD* 的相对位置。

（1）

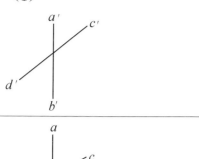

AB _____ *CD*

（2）

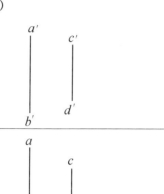

AB _____ *CD*

（3）

AB _____ *CD*

3-25 判别下列两直线 *AB* 和 *CD* 的相对位置。

（1）

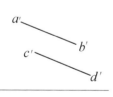

AB _____ *CD*

（2）

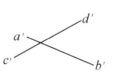

AB _____ *CD*

（3）

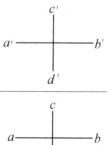

AB _____ *CD*

（4）

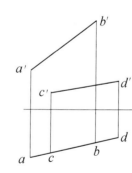

AB _____ *CD*

教学单元 3 点、直线、平面的投影	专业		姓名		班级		学号	

平面的投影 3-26 已知平面的两面投影，求作其第三面投影，并判断平面的类型。

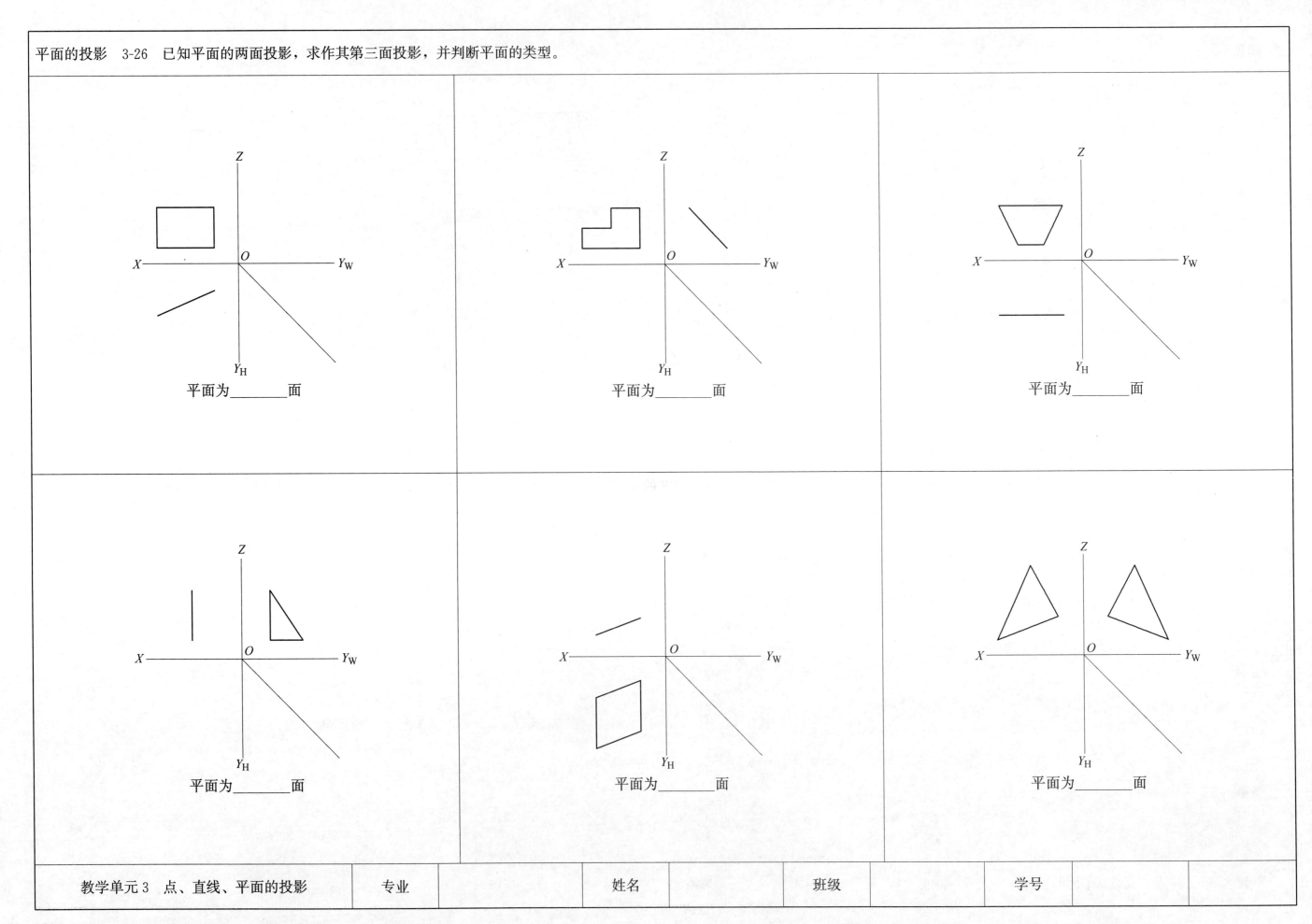

平面为_____面

平面为_____面

平面为_____面

平面为_____面

平面为_____面

平面为_____面

| 教学单元3 点、直线、平面的投影 | 专业 | | 姓名 | | 班级 | | 学号 | |

平面的投影

3-27 M 点在△ABC 平面内，求 M 的 H 面投影。	3-28 直线 MN 在△ABC 的平面上，求直线 MN 的 H 面投影。	3-29 判断点 M、N 是否在△ABC 所在的平面上。

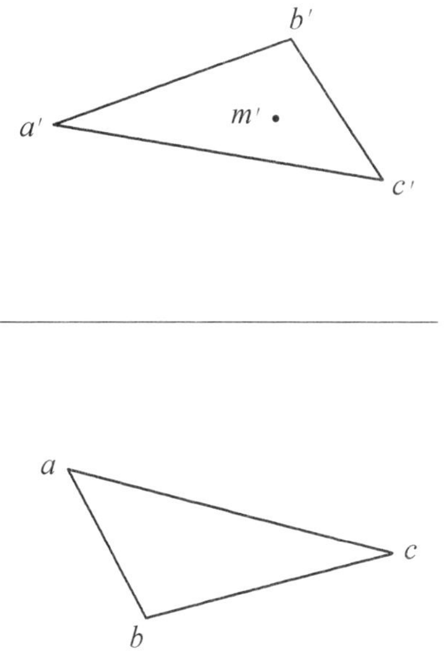

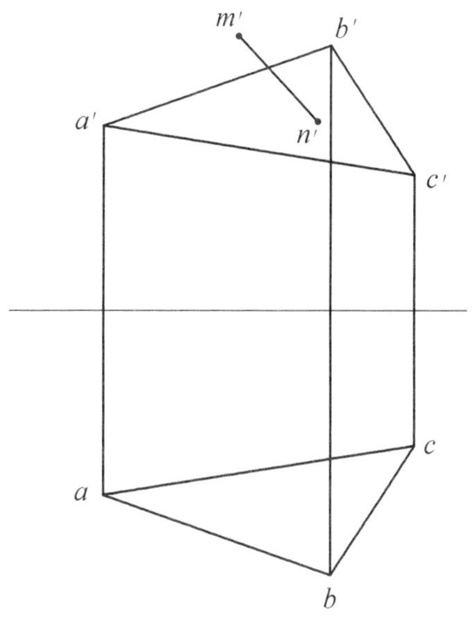

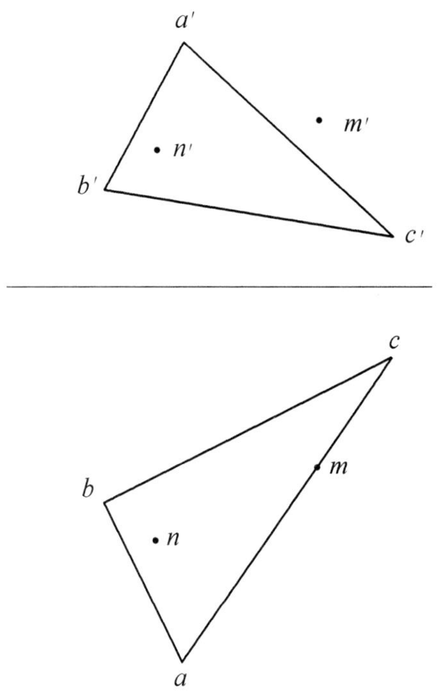

3-30 D 点在相交的直线 AB、AC 确定的平面上，求 D 点的 H 面投影。	3-31 完成六边形 ABCDEF 的 V 面投影。	3-32 在△ABC 内，过点 C 作水平线 CD，过 A 点作正平线 AE，求作 CD 及 AE 的两面投影。

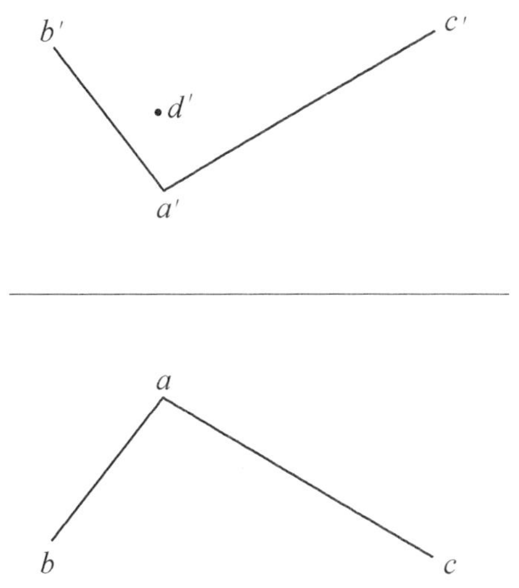

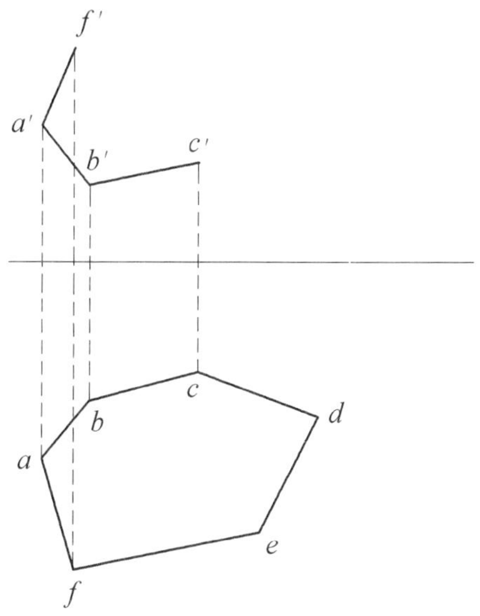

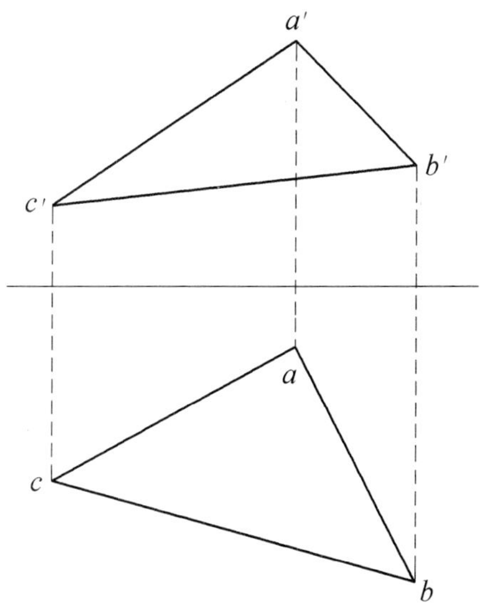

教学单元 3 点、直线、平面的投影	专业		姓名		班级		学号	

19

4-1　已知直三棱柱的 *H* 面投影，柱高 30mm，补出其 *V*、*W* 面投影。

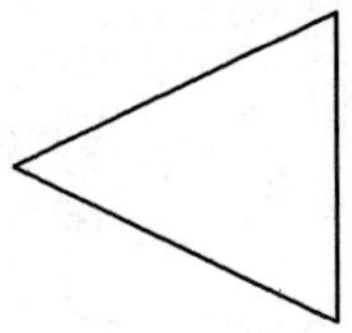

4-2　已知直四棱柱的 *H* 面投影，柱高 40mm，补出其 *V*、*W* 面投影。

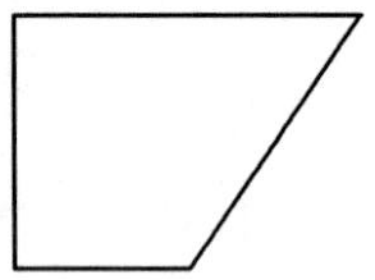

4-3　已知三棱锥的 *H* 面投影，锥高 40mm，补出其 *V*、*W* 面投影。

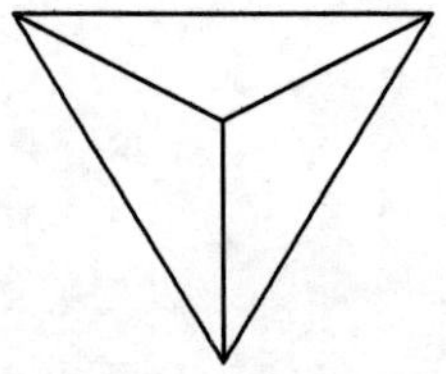

4-4　已知四棱台的 *H* 面投影，台高 40mm，补出其 *V*、*W* 面投影。

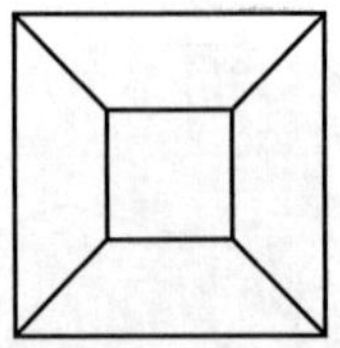

| 教学单元 4　形体的投影 | 专业 | | 姓名 | | 班级 | | 学号 | | |

4-5 补全圆柱的 *W* 面投影。

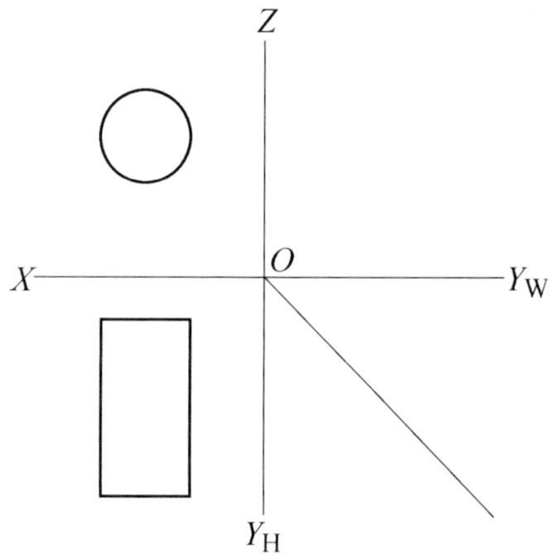

4-6 补全圆锥的 *W* 面投影。

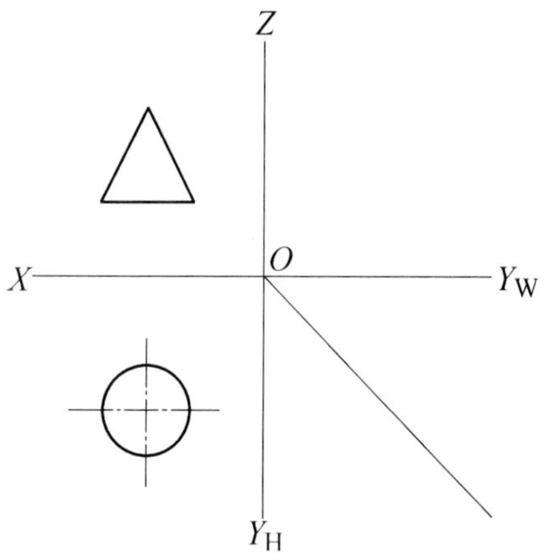

4-7 补全圆台的 *H* 面投影。

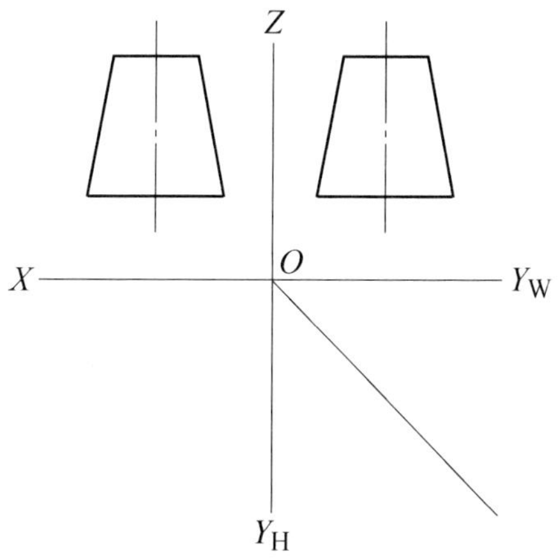

4-8 补全半球体的 *V* 面投影。

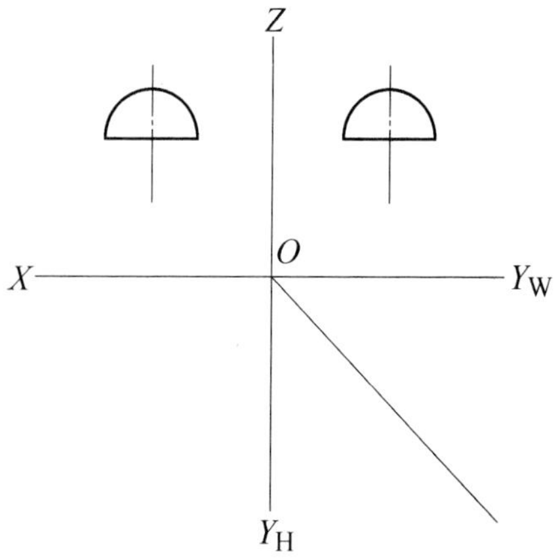

| 教学单元 4　形体的投影 | 专业 | | 姓名 | | 班级 | | 学号 | | |

简单形体的三面投影　4-9　补绘形体的第三面投影。

4-10 已知通孔四棱柱的高度为 20mm，试完成其他两面投影。

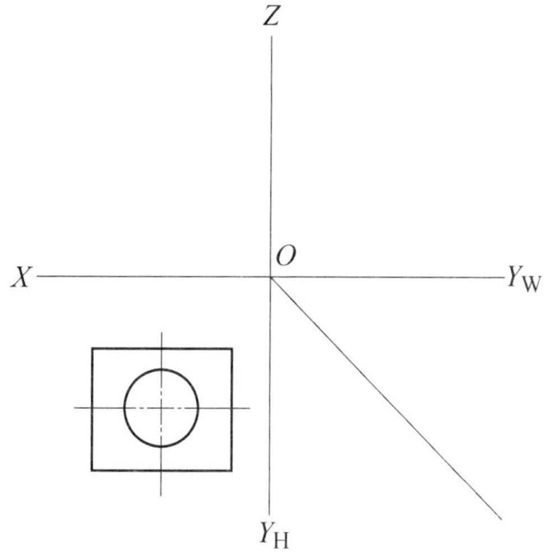

4-11 已知四棱锥的两面投影，试完成其第三面投影。

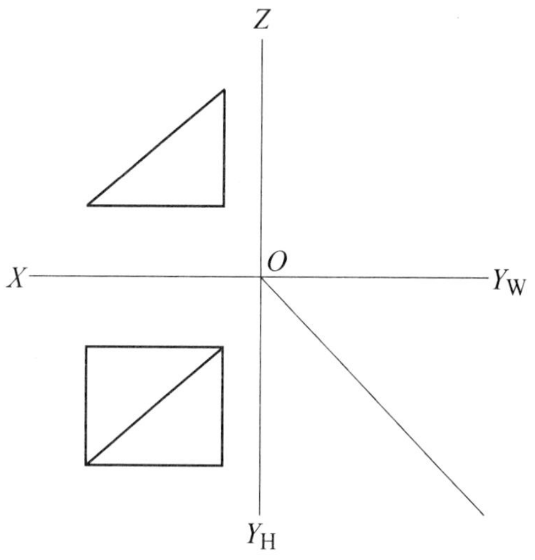

4-12 已知形体的两面投影，完成其第三面投影。

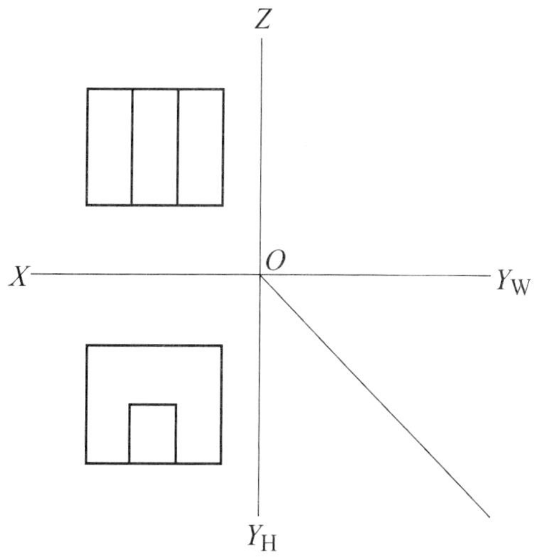

4-13 已知形体的两面投影，完成其第三面投影。

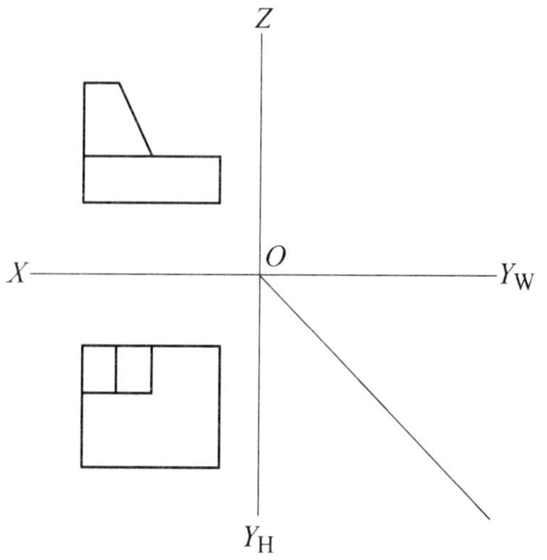

教学单元 4 形体的投影	专业		姓名		班级		学号		

教学单元 4 形体的投影 | 专业 | | 姓名 | | 班级 | | 学号

组合形体的三面投影　4-15　完成下列形体的第三面投影。

教学单元 4　形体的投影　　专业　　　　姓名　　　　班级　　　　学号

组合形体的三面投影　4-16　参考形体的立体图，绘制三面投影，并完成其尺寸标注。

| 教学单元4　形体的投影 | 专业 | | 姓名 | | 班级 | | 学号 | |

组合形体的三面投影 4-17 参考形体的立体图，绘制三面投影，并完成其尺寸标注。

| 教学单元 4　形体的投影 | 专业 | | 姓名 | | 班级 | | 学号 | |

| 教学单元 5　轴测投影及剖断面 | 专业 | | 姓名 | | 班级 | | 学号 | | |

轴测投影　5-2　根据形体的正投影图，画出其正等测图。

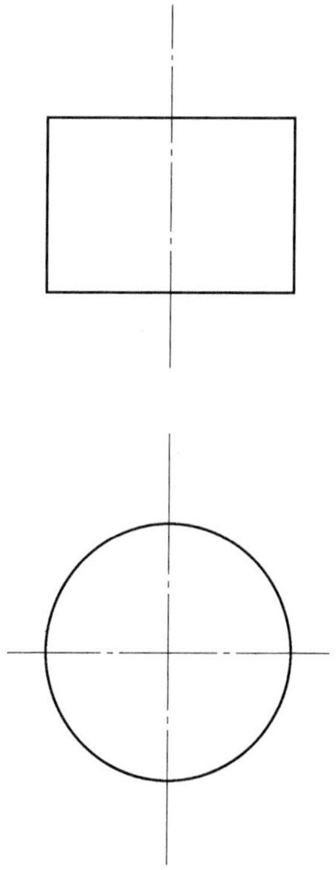

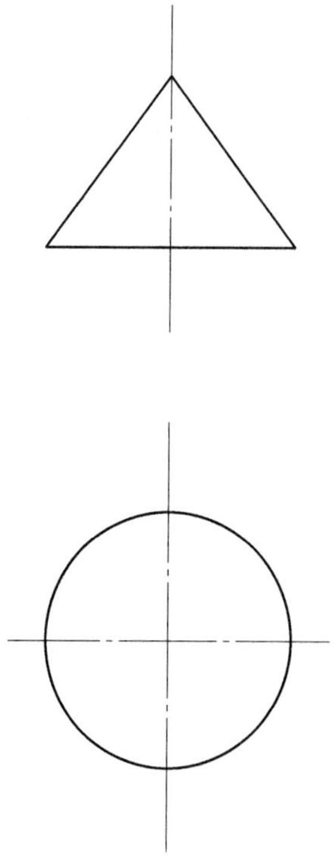

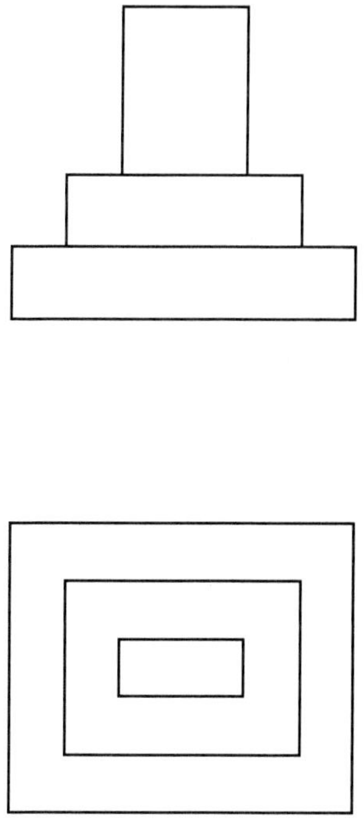

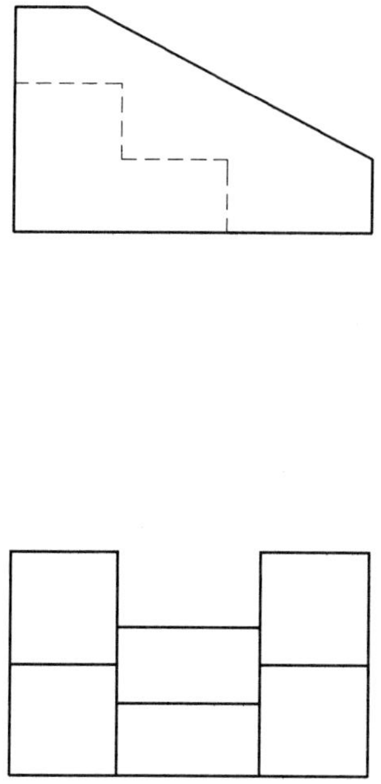

教学单元5　轴测投影及剖断面	专业		姓名		班级		学号	

| 教学单元 5 轴测投影及剖断面 | 专业 | | 姓名 | | 班级 | | 学号 | |

轴测投影 5-4 根据形体的正投影图，画出其轴测图，种类自选。

教学单元5 轴测投影及剖断面	专业

| 教学单元5 轴测投影及剖断面 | 专业 | | 姓名 | | 班级 | | 学号 | |

| 教学单元 5　轴测投影及剖断面 | 专业 | | 姓名 | | 班级 | | 学号 | |

剖面图 5-6 完成下列识图中的剖面图。

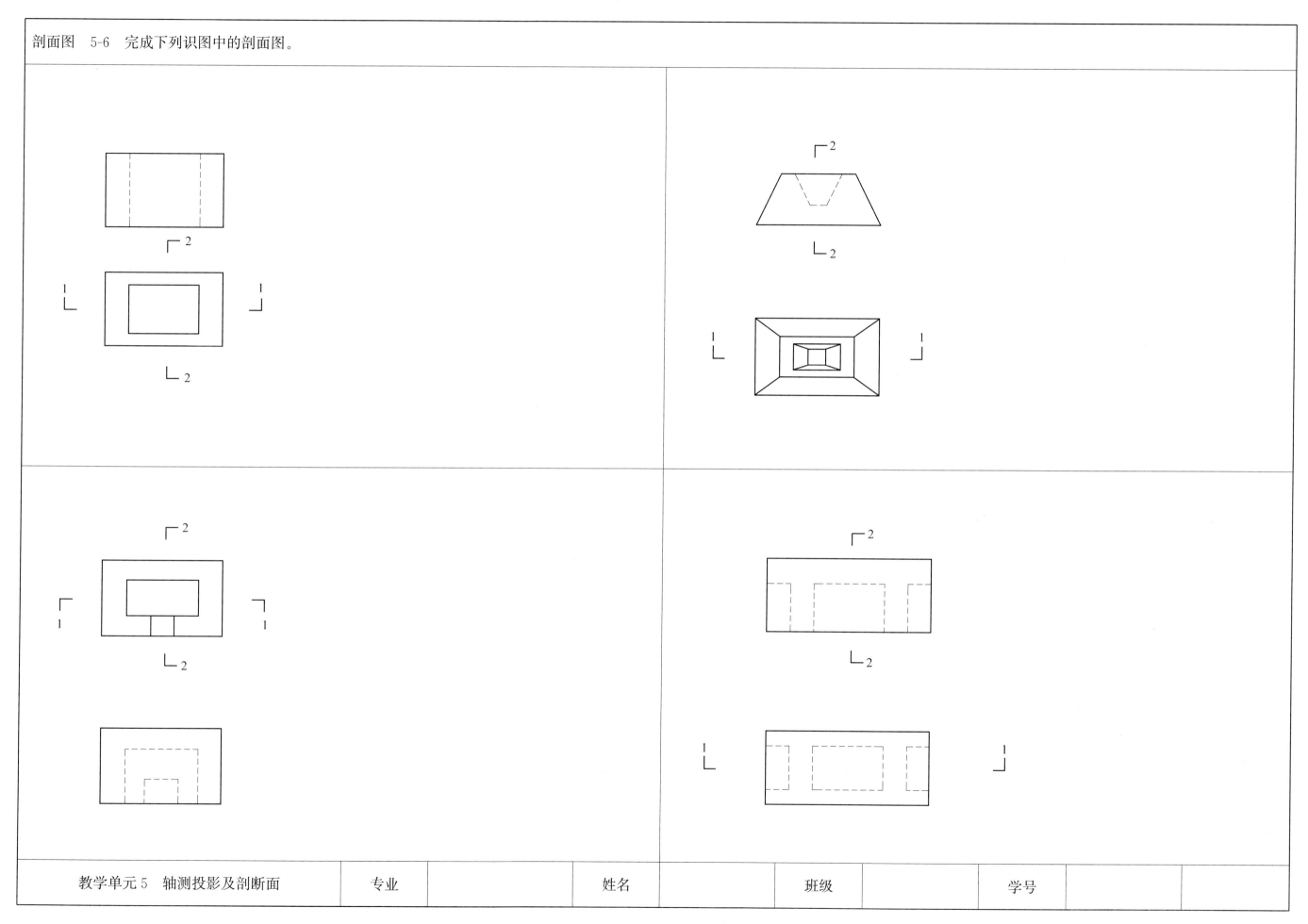

剖面图 5-7 完成下列识图中的剖面图。

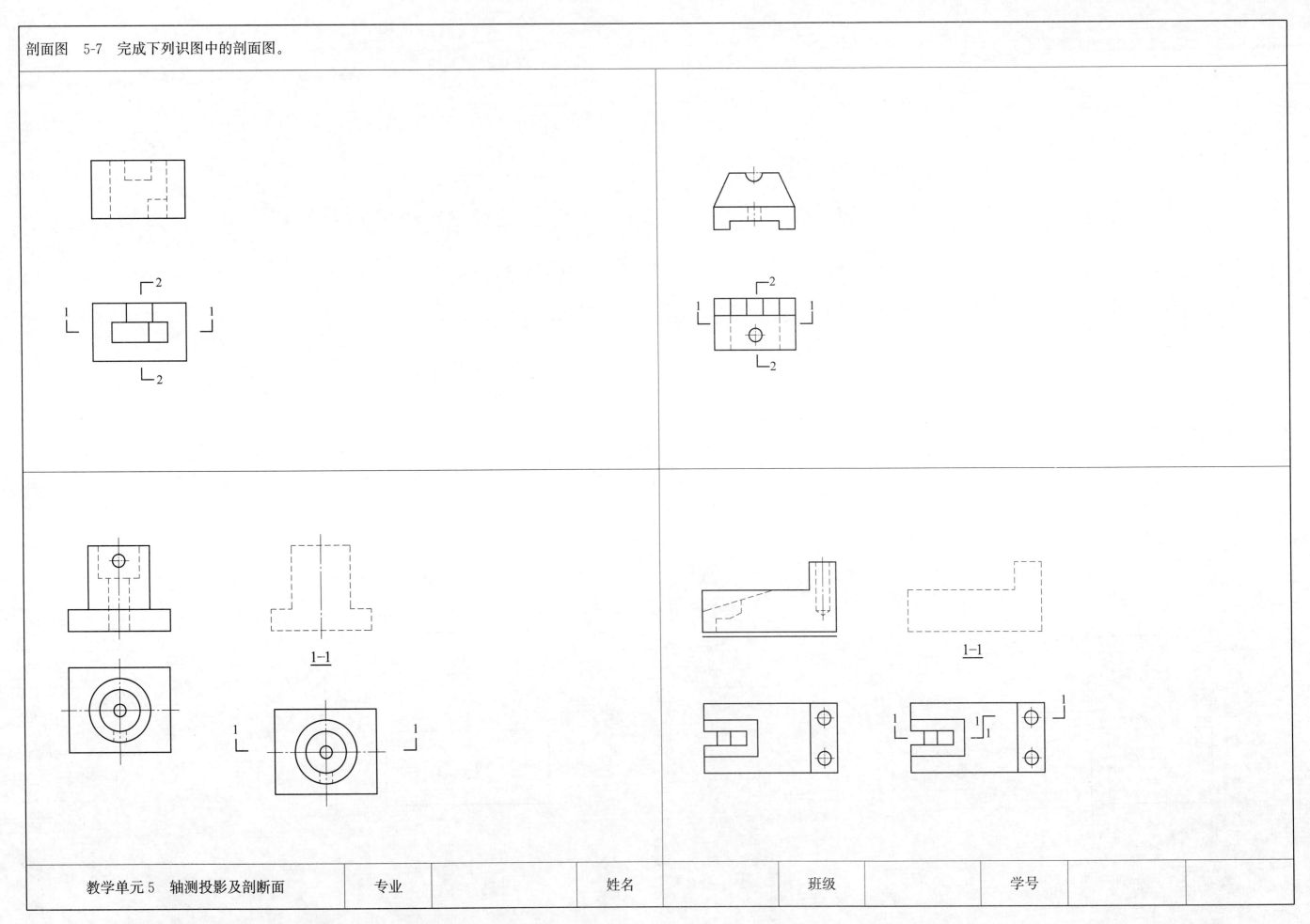

1—1

1—1

教学单元5 轴测投影及剖断面	专业		姓名		班级		学号		

剖面图 5-8 完成下列识图中的断面图。

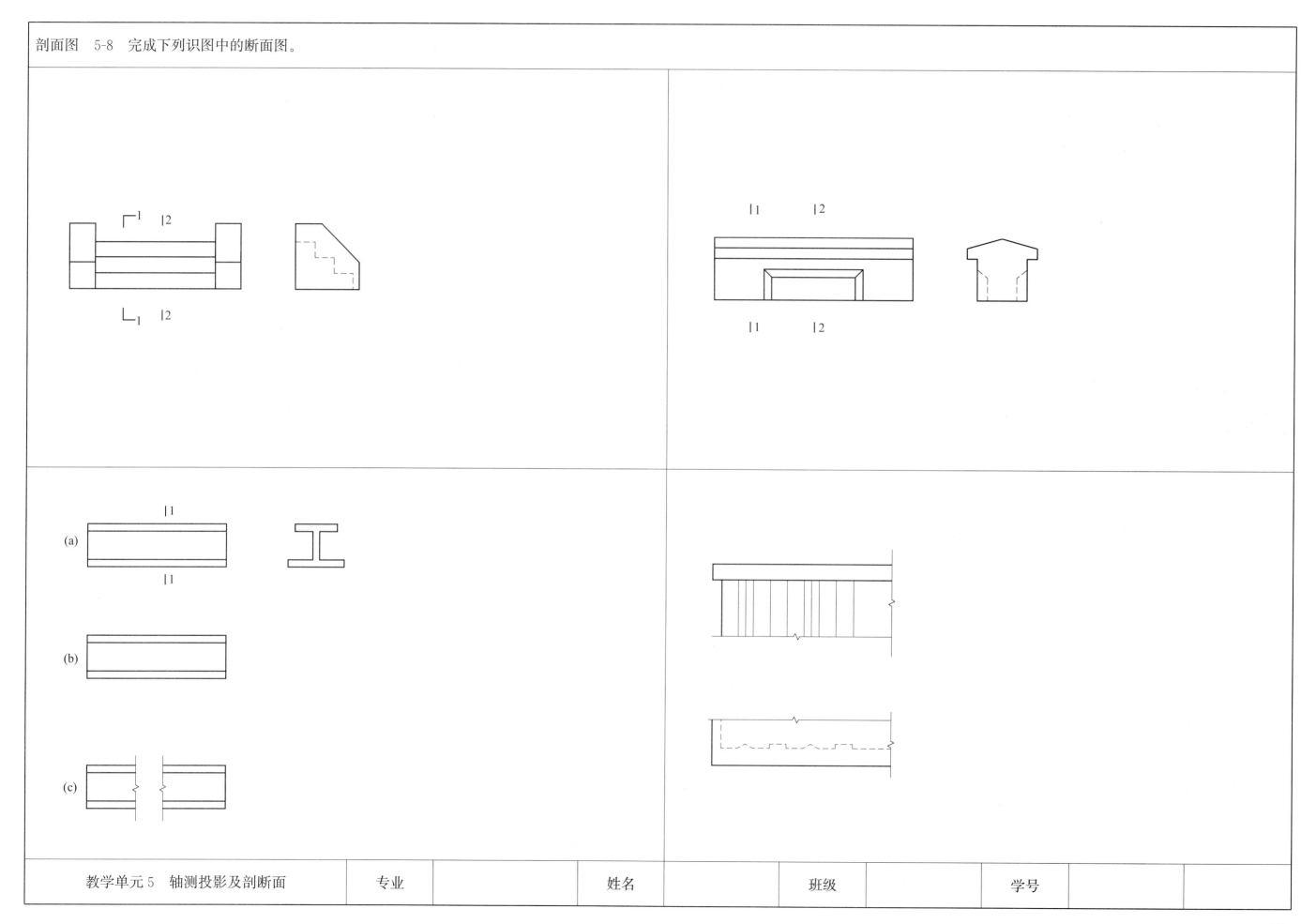

教学单元5 轴测投影及剖断面	专业		姓名		班级		学号	

参 考 文 献

［1］ 李翔. 画法几何习题集 ［M］. 2 版. 北京：高等教育出版社，2014.

［2］ 毛家华，莫章金. 建筑工程制图与识图习题集 ［M］. 3 版. 北京：高等教育出版社，2013.

［3］ 郎宝敏，陈星铭. 建筑工程制图习题集 ［M］. 3 版. 北京：高等教育出版社，2004.

［4］ 高丽荣，和燕. 建筑制图习题集 ［M］. 北京：北京大学出版社，2017.

［5］ 董晓倩. 工程制图习题集 ［M］. 2 版. 北京：北京理工大学出版社，2011.

［6］ 宋良瑞. 建筑识图与构造习题集 ［M］. 北京：高等教育出版社，2019.